U0566938

我的情绪为何总被他人左右

How to Keep People from Pushing
Your Buttons

[美] 阿尔伯特·埃利斯
（Albert Ellis）
阿瑟·兰格　　　　著
（Arthur Lange）

张蕾芳 译

心理学大师·**埃利斯**经典作品
| 百年诞辰纪念版 |

机械工业出版社
China Machine Press

图书在版编目（CIP）数据

我的情绪为何总被他人左右 /（美）埃利斯（Ellis, A.），兰格（Lange, A.）著；张蕾芳译 . —北京：机械工业出版社，2015.9（2025.9 重印）
（心理学大师·埃利斯经典作品）
书名原文：How to Keep People from Pushing Your Buttons

ISBN 978-7-111-51550-0

I. 我… II.① 埃… ② 兰… ③ 张… III. 情绪 - 自我控制 - 通俗读物 IV. B842.6-49

中国版本图书馆 CIP 数据核字（2015）第 221278 号

北京市版权局著作权合同登记 图字：01-2015-2045 号。

Albert Ellis, Arthur Lange. How to Keep People from Pushing Your Buttons.

Copyright © 1994 by Institute for Rational-Emotive Therapy.

Chinese (Simplified Characters only) Trade Paperback Copyright © 2015 by China Machine Press.

This edition arranged with Carol Publishing Group through Big Apple Tuttle-Mori Agency, Inc. This edition is authorized for sale in the Chinese mainland (excluding Hong Kong SAR, Macao SAR and Taiwan).

我的情绪为何总被他人左右

出版发行：机械工业出版社（北京市西城区百万庄大街 22 号 邮政编码：100037）			
责任编辑：卜龙祥		责任校对：董纪丽	
印　　刷：三河市宏达印刷有限公司		版　　次：2025 年 9 月第 1 版第 30 次印刷	
开　　本：170mm×242mm 1/16		印　　张：13	
书　　号：ISBN 978-7-111-51550-0		定　　价：59.00 元	

客服电话：(010) 88361066 68326294

How to
Keep People
from Pushing
Your Buttons

目　　录

How to
Keep People
from Pushing
Your Buttons

对话大师

李孟潮专访埃利斯

心理治疗流派层出不穷，但实际上真正受到承认的只有屈指可数的几种，这几种重要流派的开山宗师堪称凤毛麟角，阿尔伯特·埃利斯（Albert Ellis）就是其中一位。

全世界学习心理治疗的人都会在教科书里找到这个名字，都知道他是理性情绪行为疗法（Rational Emotive Behavior Therapy，REBT）的创始人。如果你不知道的话，可要当心自己的学业前途了。笔者曾有幸在埃利斯89岁那年采访到这位世界心理学巨匠，谈话内容在此分享给诸位读者。

李孟潮： 您写过这么多书，年近九旬仍每周工作80小时以上，保持如此神奇精力的秘诀是什么？

埃利斯： 我在89岁依然能有很多精力努力工作，第一个秘诀是遗传——我的母亲、父亲和哥哥都是精力充沛的人！第二个秘诀是，我对自己实行理性情绪行为疗法（以下皆依埃利斯原话简称为REBT），所以我坚决反对任何人扰乱我在做的任何事情，我也反对去扰乱别人的事情或这个世界上正在发生的任何事情。

李孟潮：想不到理性情绪行为疗法还能让人精力充沛。您的业余时间都做些什么呢？

埃利斯：实际上我几乎没有什么业余时间，当我有一点空闲时，我很喜欢听音乐和读书。

李孟潮：请问您结婚了没有？您的家庭是什么样的？

埃利斯：我结过两次婚，还和一位女士同居了36年，但现在我又是单身了。我很喜欢单身的生活。我没有孩子，但我和兄弟姐妹、父亲母亲相处得很融洽。

李孟潮：看来在您40岁前遇到过不少挫折。也换过不少职业，至少有作家、商人、心理咨询师这三个职业吧？现在回首往事，您认为这样的经历对您有什么意义吗？

埃利斯：我这一生中曾经至少转换过三个职业，这个事情仅仅意味着，在一段时间内，我会全神贯注于一项事业，然后由于各种原因我会改变，并且同样全神贯注于下一项事业。

李孟潮：您经历过很多刺激事件，您怎样处理这些事件呢？

埃利斯：我是这样处理我生活中的刺激事件的——并不要求这些刺激事件不要有刺激性，也不为这些事情感到焦虑或忧郁，因此我在处理这些事情时就能做到最好。

李孟潮：能用一句话介绍一下理性情绪行为疗法吗？

埃利斯：REBT还真不能用一句话来概括，但如果我来试试的话，我会这么说，REBT是这样一种理论，它认为人们并非被不利的事情搞得心烦意乱，而是被他们对这些事件的看法和观念搞得心烦意乱的，人们带着这些想法，或者产生健康的负性情绪，如悲哀、遗憾、迷惑和烦闷，或者产生不健康的负性情绪，如抑郁、暴怒、焦虑和自憎。

当人们按理性去思考、去行动时，他们就会是愉快的、行之有效的人。人的情绪伴随思维产生，情绪上的困扰是非理性的思维所造成。理性的信念会引起人们对事物适当、适度的情绪反应；而非理性的信念则会导致不适当的情绪和行为反应。当人们坚持某些非理性的信念，长期处于不良的情绪状态之中时，最终将会导致情绪障碍的产生。

非理性信念的特征有如下几项。①绝对化的要求。比如"我必须获得成功""别人必须很好地对待我""生活应该是很容易的"，等等。②过分概括化。即以某一件事或某几件事的结果来评价整个人。过分概括化就好像以一本书的封面来判定一本书的好坏一样。一个人的价值是不能以他是否聪明，是否取得了成就等来评价的，人的价值就在于他具有人性。他因此主张不要去评价整体的人，而应代之以评价人的行为、行动和表现，每一个人都应接受自己和他人是有可能犯错误的人类一员（无条件的自我接纳和接纳别人）。③糟糕至极。这是一种认为如果一件不好的事发生将会非常可怕、非常糟糕乃至堪比灾难的想法。非常不好的事情确实有可能发生，尽管有很多原因使我们希望不要发生这种事情，但没有任何理由说这些事情绝对不该发生。我们将努力去接受现实，在可能的情况下去改变这种状况，在不可能时学会在这种状况下生活下去。

理性情绪行为疗法简单来说，就是让来访者意识到自己的非理性的思维模式，并与之辩论，从而达到"无条件的自我接纳"的境界。

　　大部分心理治疗的流派会比较倾向于使用或认知，或行为，或情绪的方法，但是理性情绪行为疗法是一种比较独特的流派，它三种方法都使用，并清楚地认识到认知、行为、情绪是相互作用的。所以，我们以一种情绪和行为的模式使用认知技术，我们以一种认知和行为的模式使用情绪技术，我们以一种认知和情绪的模式使用行为技术。

李孟潮：哪一类的咨询者可以寻求 REBT 治疗师的帮助？

埃利斯：几乎每个人都可以，只要愿意持续地、充满情感地、坚强地去探索自己是如何使自己烦恼的，并愿意努力摆脱让自己烦恼的方式，REBT 的治疗师都可以帮助他。

李孟潮：您在创立理性情绪行为疗法的时候一定面临了很大的压力，以当时的眼光来看，那是对弗洛伊德的背叛。直到前不久，您还说过根据您的标准来看，弗洛伊德还不够性感。能告诉我们这句话是什么意思吗？

埃利斯：我说弗洛伊德不够性感的意思是指，他把性行为的很多种形式都看作变态或异常的。一个真正的性心理治疗师会认为，只有极少数的性行为是不好的或不道德的，虽然在有些社会环境会坚持认为这些行为是异常的。

李孟潮：目前中国的心理治疗事业刚刚起步，如果中国的心理咨询师想要学习 REBT，应该怎么办呢？需要什么样的条件和过程才能成为理性情绪行为治疗师（以下简称 REBT 治疗师）呢？

埃利斯：成为 REBT 治疗师的条件和过程是，多读一些我写的书，听我的磁带和录像带。当然，最好就是直接参加我们的培训，我们每年都会在全世界举办很多次培训。

李孟潮：当前中国的心理治疗师面临的一个问题就是经济的问题。有些咨询者和部分治疗师认为，心理治疗应该是和商业活动无关的。也有治疗师认为，心理治疗中蕴含着无穷的商机。您看起来是一个很特殊的治疗师，既有很大的名声，又有很多通过 REBT 赚钱的途径。您对赚钱和无私地帮助别人之间的冲突是怎么看的？

埃利斯：实际上我并没有通过 REBT 赚到什么钱，因为我所做的一切都是为了阿尔伯特·埃利斯研究所，这是一个非营利机构。我的书的版税和其他的收入都直接归到研究所，而不是我个人。对钱的强烈欲望时常让人们做更多自私的事，也阻止人们做到 REBT 所说的"无条件地接纳别人"，可我不是这样的。

李孟潮：对今天的中国，您有什么想要了解的？

埃利斯：我对今天的中国了解很少，如果有时间的话，我想更多地了解中国。

李孟潮：作为 89 岁的老人，回首人生，您认为在生命中什么是最重要的？

埃利斯：我生命中最重要的事就是对自己使用美国式的 REBT 并总是接纳我自己，虽然我也尝试着改变我做的很多事情。

李孟潮：一个大问题，也可能是一个愚蠢的问题，您对生活的态度是什么？

埃利斯： 我对生活的态度是，我们不是被邀请到这个世界上来的，生活本身并没有意义，而是我们给了它们意义。我们赋予生活意义的方法是，决定什么是我们喜欢的，什么是我们不喜欢的，什么是我们特殊的目标和目的，从而为我们自己选择了意义。

李孟潮： 我的采访就快结束了，您想对中国的青年说些什么？

埃利斯： 我想对中国青年说的是，他们很年轻，如果这个世界有不幸的事情发生——这是屡见不鲜的，他们有足够的时间，可以建设性地使用 REBT 或其他类似的思考方式来努力不让自己烦恼。

How to
Keep People
from Pushing
Your Buttons

阿尔伯特·埃利斯简介

阿尔伯特·埃利斯（Albert Ellis，1913—2007），超越弗洛伊德的著名心理学家，理性情绪行为疗法之父，认知行为疗法的鼻祖。在美国和加拿大，他被公认为十大最具影响力的应用心理学家第二名（卡尔·罗杰斯第一，弗洛伊德第三）。

埃利斯创立了对咨询和治疗领域影响极大的理性情绪行为疗法（Rational Emotive Behavior Therapy，REBT），为现代认知行为疗法的发展奠定了基础。该疗法适用范围广、实用性强、见效快，为中国心理咨询师最常用的方法，是中国心理咨询师国家资格考试必考的疗法之一。

埃利斯自哥伦比亚大学获得临床心理学博士学位，投身心理治疗工作60余年，治愈了15 000多名饱受各种情绪困扰的人，并在纽约创立阿尔伯特·埃利斯理性情绪行为疗法学院。

埃利斯是精力充沛而多产的人，也是心理咨询与治疗领域内著作最丰富的作者之一。多个核心心理咨询期刊都曾刊登过埃利斯的文章，他的文章刊登次数堪称心理咨询领域之最。他一生出版了70多本书籍，其中有许多都成为常年畅销的经典，有几本著作销售量高达几百万册。

2003 年，当他 90 岁生日的那天，他收到了多位公众知名人物的贺电，其中包括美国前总统乔治·布什、比尔·克林顿，前国务卿希拉里·克林顿。

在 2007 年的《今日心理学》杂志上，他被誉为"活着的最伟大的心理学家"。

他是史上最长寿的心理学家，2007 年安然辞世，享年 93 岁，被美国媒体尊称为"心理学巨匠"。

生平

1913 年 9 月 27 日，阿尔伯特·埃利斯出生在美国匹兹堡的一个犹太人家庭，是 3 个孩子中的长子。

4 岁时，埃利斯全家移居纽约市。

5 岁时，埃利斯因肾炎住院，因此不能再从事他所热爱的体育运动，从而开始热爱读书。

12 岁时，埃利斯父母离婚了。他的父亲长年在外经商，对自己少有关爱，母亲同样感情冷漠，喜欢说话，却从不倾听，父母关系向来很差。曲折的经历让他对人的心理活动充满兴趣，小学时就已经是个很能解决麻烦的人了。

进入中学以后，埃利斯的目标是成为美国伟大的小说家。为了这个目标，他打算大学毕业后做一名会计师，30 岁之前退休，然后开始没有经济压力地写作，因此他进入了纽约市立大学商学院。经济大萧条来了，击碎了他的梦想。他仍然坚持读完大学，获得了学位。

大学毕业后，埃利斯开始做生意，生意不好不坏。这时埃利斯对文学还是痴心不改，他把大多数时间都用来写纯文学作品。

28 岁时，他已写了一大堆作品，可都没有发表。这时他意识到自己的未来不能靠写小说生活，于是开始专门写一些非文学类的杂文，并加入了当时的"性－家庭革命"。这时他发现很多朋友都把他当作这方面的专家，并向他寻求帮助。此时，埃利斯才发觉原来他像喜欢文学一样喜欢心理咨询。

1942 年，埃利斯开始攻读哥伦比亚大学临床心理学硕士学位，主要接受精神分析学派的训练。

1943 年 6 月，埃利斯获得哥伦比亚大学临床心理学硕士学位。

1947 年，埃利斯获得临床心理学博士学位。如同当时大部分心理学家，这时候的埃利斯是个坚定的精神分析信徒，下决心要成为著名的精神分析师。

20 世纪 40 年代后期，埃利斯已经在当地的精神分析界小有名气，他在哥伦比亚大学做教授，还先后在纽约市以及新泽西州的几所机构内身居要职。可就在此时，埃利斯开始对自己钟爱的精神分析事业产生了怀疑。

1953 年 1 月，埃利斯彻底与精神分析分道扬镳，开始将自己称为理性临床医生，提倡一种更积极的新的心理疗法。

1955 年，他将自己的新方法命名为理性疗法（Rational Therapy, RT）。这种疗法要求临床医生帮助咨询者理解，是其自身的个人哲学（包括信仰）导致了自己的情感痛苦。例如"我必须完美"或"我必须被每个人所爱"。

1961 年，该疗法改名为理性情绪疗法（Rational Emotive Therapy，RET）

1993 年，埃利斯又将该疗法更名为理性情绪行为疗法（Rational

Emotive Behavior Therapy，REBT）。因为他认为理性情绪疗法会误导人们以为此疗法不重视行为概念，其实埃利斯初创此疗法时就强调认知、行为、情绪的关联性，而且治疗的过程和所使用的技术都包含认知、行为和情绪三方面。

2004 年，埃利斯罹患严重的肠炎。

2007 年 7 月 24 日，埃利斯自然死亡，享年 93 岁。

How to
Keep People
from Pushing
Your Buttons

前　言

　　当今世界很疯狂，不仅大范围是这样的（世界性大事件以及经济、社会问题），我们的日常生活也是如此。在商界，那些近期经历过"裁员"的幸存者，其工作时间在加长。竞争，对机遇快速反应，变化，战略转移自己的职业方向，承担风险，工作呈高强度、低收入状态，以及捉襟见肘都是这场游戏的难关。

　　生活中，大多数家庭为双职工家庭，也有许多家庭解散后重新组成新家庭，要做的事数不胜数，但时间却只有一点点。（记得泡泡浴广告"卡尔冈，带我走"吗？机会渺茫。）来自婚姻和育儿的挑战及要求令人惊愕不已，即便是单身人士也在平衡工作、朋友、亲密关系、社会活动和任务方面承受许多压力。

　　难怪人和事都真的能牵着我们的鼻子走。以下这些人都可能触及我们的底线：一个"万事通"的同事，一个过分挑剔的上司，一个吃不得一点亏的下属，一个漠不关心的配偶，一个不听话的小孩，一个牢骚满腹的朋友，一个服务不到位的服务生，一个老跟自己过不去的亲戚。有多少次你听人说，"我喜欢这份工作，但我的老板要把我逼疯！"或者，"你们这几个孩子要把我逼疯！"或者，"当他老是……我真恨得牙痒痒！"

　　有时候，"他们"有意操纵我们的情绪；有时候，他们并不是有意为之，但我们还是不高兴，充满戒备，感到受了伤害或气得发疯。有时候，带给我们这种感受的是"某事"——一个事件、一项任务、一个决定、一个截止时间、一个变化、一个危机、一个问题、一种不确定性。比如，改变职业、离婚或结婚、购房、工作面试、公共演讲、交通、无聊的会议、机械故障（车、电脑）。或者，当你买好电影票时，照顾孩子的人没来。

许多流行剧都反映了人们如何不断地互为提线木偶。我们身上都能找到他们的影子。但并不是非如此不可！我们不是建议真实生活应像《奥兹和哈丽雅特》一样，或像《把它留给比弗》一样，而是说大多数人可以在不让人或事牵着鼻子走这方面表现得更为出色。

本书中的一些具体方法可以使你避免成为一个提线木偶。本书没有高深晦涩的理论，没有一把鼻涕一把泪的心理剧，也不是提供肤浅的积极思维的速成品。相反，它包含一套非常具体的技巧，教你在被人和事操纵情绪时，如何用更佳之选来应对。这真的有用！这些技巧在全球范围已被讲了一万多场次，对工作和私生活同等适用。尽管情景和局面多种多样，但我们的技巧能以不变应万变。

本书的宗旨是让你既能过上积极向上、充满活力甚至高强度的生活，又不会成为自己努力的牺牲品。通过运用书中这套强有力的技巧，你的上司、同事、下属、配偶、孩子、父母、邻居、朋友、恋人和其他日常生活中需要打交道的人再也不会成为你情绪的"操盘手"。尽管所有这些人并非一直操纵着我们，但我们大多数人或多或少都曾让人牵着鼻子走。

人生苦短，何其珍贵。我们想帮助你既达成目标，又享受过程。我们将告诉你如何掌控你对那些"操盘手"的过激反应。

第1章

我们如何就让他人他物

牵着鼻子走了呢

　　人只有三件事可做，且你正在做这三件事。(这当中至少不包含你可能正在考虑的某些事情。)你几乎整天都在做这三件事，甚至睡觉也不例外。首先，你在**思考**（thinking）。你们中有些人在想是哪三件事。或者，你也许在想今晚或这个周末会有什么安排。又或者，你在想刚刚别人跟你说的话或这本书会谈些什么。总之，你几乎一直在想事儿。有时候，你都不知道自己在思考——可如果你停下来，注意一下，你就大体知道自己在想什么。

　　其次，你几乎总在**感觉**（feeling）什么，我们说的不是身体上的冷暖、疲倦、疼痛，而是指情感方面。有时候是温和的感觉，如"有点"烦、"有点"开心、"有点"情绪低落、"有点"快乐或"有点"内疚；有时候是强烈的感觉，如气得发疯、愤慨、心花怒放、激动、沮丧、灰心丧气、欣喜若狂、高兴、吓坏了或者愧疚"万分"。数不清的感觉和强烈情绪被你自始自终地感受着。

最后，你**行为**（即行动——acting）不断。当你读这本书时，哪怕是最轻微的手势和身体部位的移动都是行为。你刚才眨眼了吗？你呼吸了吗？你在做鬼脸，或在椅子上扭动？只要你还活着就会动。

指出人在思考、感受和行动不算什么了不起的理论。不过，这是一个良好的开端，因为如果我们不想被人或事所操纵，就最好学会管理和控制我们心理、情绪和行为上对那些操纵我们的人和事做出的反应。这需要对我们马上要讲的技能和技巧做出系统化的努力并进行勤奋的练习。

本书并非针对日常麻烦之"速成"解决方案。本书所提供之技巧非常简单，不过，要想使它们真正有效果，那你就必须经常使用它们才成。

致命"四人组"

世上主要有四种"略带神经病的"感觉（"screwball" feelings）。也就是说，你在任何时间有了其中一种，就会无法游刃有余地应付局面，多半会面临沮丧郁闷，被某人某事牵着鼻子走。这些心理活动包括**过分**（excessive）烦躁、愤怒，戒备森严、抑郁，无精打采或内疚（我们马上告诉你什么叫"过分"）。第一，如果你过分烦躁（anxious；或紧张、沮丧、恼火、担惊受怕等），你就不能有效地处理人或事。比如，你也许因一个工作面试极度紧张，或因为要跟一个凶巴巴的上司说话而紧张；也许你因工作中的截止时间即将到来而心烦意乱，或因为生活中的一个重大决定，或孩子最近的表现而烦躁。如果你有此类情绪，说明你已受制于人或事。

第二，如果你过分**生气**（angry；或戒备、被激怒、气得发疯、愤愤不平、嘴巴不饶人、脾气一触即发、挫败），你就可能把事情搞砸。也许，当你的配偶批评你的工作、厨艺、教育孩子的方式或做爱方式时，你真的就不依不饶；也许，当你的青春期孩子蔑视或不尊重你，或你工作上的同事不能干或不合作时，你真的就大发雷霆。

就有这样一个例子，有个人在从旧金山飞往洛杉矶去的飞机上情绪失控、行为失常。事情发生时恰好是法律得到修改，在大部分航班上禁止吸烟。我和其他人登机时，检票员通知我们，飞机全程禁止吸烟。坐在我旁边的乘客没有听到检票员的通知，当飞机上再一次通知大家时，这位乘客生气了。

他先是要说服我同意让他吸烟（我没同意），接着，他花了几分钟大谈特谈飞机上不准吸烟是**违法的**。他在椅子上一会儿扔垃圾，一会儿扭动身子，又是咳嗽又是叹息。然后，他宣称，"这条限制规定会惹恼许多人"——说着就点上一根香烟。

空姐迅速走到他身边，非常礼貌地说："先生，根据规定这是无烟航班。"他问："谁规定的？"她愣了一下，回应道："请您再说一遍。"他重复道："**我**说是谁规定的？"她说："机长规定的。"他抢白道："嗯，告诉机长，他是一个讨厌鬼。"她问："我还需要告诉他什么？"他说（同时气哼哼地掐灭香烟）："告诉他，这样做会使他没生意可做的，他真的是一个讨厌鬼！"她说："好吧。"他接着又威胁要去卫生间抽烟（卫生间也不许吸烟），空姐指出这也是违法的。他咆哮着，骂骂咧咧没完——空姐干脆走开。

有趣的是，不一会儿，另一名旅客客气地问同一名空姐有关禁止吸烟的问题，表示自己的关注，平静地说出自己不同意这个决定。空姐表示理解而禁止吸烟的态度很坚决，旅客仍然礼貌不减。空姐因给这位旅客造成不便而送了他一份免费饮料。两位烟民应付局势的方法多么不同！第一名旅客把禁烟规定描述得糟糕至极，应该这应该那的，把吸烟说得如何天经地义（大多数情况下仍是应该这应该那的）。
第二位旅客只是朝喜好倾向方面思考，但没有反应过激。两人都未捞
到抽烟的机会——但一个把自己弄得很狼狈，另一个则得到一份免费
饮品。令我印象更为深刻的是，两人中没有一个能影响到空姐。在
那种工作中，你定是在不能受制于人方面久经沙场，练就了一身铜
墙铁壁！

我们周围有上百万潜在的诱因。我们的"使命"——如果真是
当成使命来看的话——便是按自己的意愿切断我们与这些诱因的联
系。这样的话，除非我们开了绿灯，否则，这些诱因不能对我们为
所欲为。我们没必要逃开或躲藏，或玩什么"棍子和石头会打断我的
骨头而起个外号又绝不会伤到我的心灵"的游戏。我们可以不失冷静
地，直接恰当地对付诱因。如果你过分**抑郁**（depressed）或无精打采
（burned out，一蹶不振），你会一事无成，而且有可能把自己弄得郁
郁寡欢。同样，如果你因失去所爱的人，或因失去工作，或因悲惨的
徒劳无功而长期抑郁，你就是让某人某事控制了你。㊀

第四，如果你过分**内疚**（guilty；过分承担责任、过分悔恨、过
分自责），其他人就能操纵你，你就无法做出正确判断，你就会因错误
的因素做出错误的决定（因为你如此愧疚）。比如，你会让孩子们逃脱
杀人的惩罚，因为你离婚了，为离婚给孩子们带来的痛苦而愧疚；或
者，你花太多的私人时间与一个你并不真正喜欢的人在一起，因为
"你是他们唯一的朋友"——如果忽视他或她，你会觉得自己卑鄙。

关键概念来自于"过分"这个词。但什么是"过分"？什么时候

㊀ 你也许注意到我们同时使用"抑郁"和"无精打采"这两个词。我们这样做，
是因为它们看上去是差不多的意思。如果让你形容一个无精打采的人，你如何
形容他？无聊、萎靡、情感贫乏、做事没有成效、对过去关心的事再也不关
心？如果我们要你形容一个抑郁症患者，你可能给出相似的描述。它们常常很
相似，我们对某人某事都产生过这类情绪。

你的情感是过分的？这个概念太主观了！虽然实际上，我们敢肯定在85% 的时间里，你能真正辨认出什么时候你是反应过激。有时候你不愿意承认，但你心里清楚。如果你发火的时候有人轻叩你的肩膀，好脾气地问："你是不是反应过激了？"你抢白道："是啊——关你什么事？"这时，你往往已经知道自己反应过激了。要承认这一点是很难的，但你一定觉察得到。

当然，尽管有时候你感觉强烈，却不清楚这种强度是合适的还是反应过激的。但大多数时间里，你能猜得出——你知道自己什么时候是反应过激的。

因此，"过分"指的是根据你自己的判断[⊖]，你反应过激了。真正的任务是如何应对：如何让尽可能多的过激反应胎死腹中，如何迅速摆脱它们，如何防止它们在将来卷土重来。有时候，承认自己反应过激而不是把脏水往他人他事上泼，是需要勇气的。我们马上教你如何阻止这类攀诬型的心理体操。

诱因 ABC's

首先谈谈"A's"。[这是一些操控者（pushers）。] 若不想让人或事刺激你失去常态，你就得先弄清楚最初是什么使你反应过激。最好的办法是用我 1955 年研究出来的模式——当时我启动了理性情绪化行为治疗法（REBT），当属现代认知行为治疗法中的第一个，被称为 ABC's 治疗法。A's 代表我们日常遇见的具体的人或事（诱发性事件），这些人或事能刺激到我们。

⊖ 注意：如果你真的不同意别人对你行为的评价（"哦，你只是反应过激"），就不要采纳。有时候，这些人说得对；有时候，他们只不过想操纵你做他们想要你做的事。相信自己的判断！

诱发性事件有两种类型。有时候，A's 是重大危机，如洪水、饥荒、疾病或蝗灾，这是第一类。事实上，我们倾向于在重大灾难面前临危不惧。人们在遭重创时往往显示出非凡的能力。洪水和地震受害者可以做出不可思议的事让自己在灾难中生存并振作起来，重建自己的生活和社区。我们知道这些事迹是真的，因为我们在《国家问讯报》(National Enquirer) 里读到过它们（举一个夸张的例子）："女人举起牵引式挂车，救出被压在下面的孩子！"没错，在重大事件面前，我们无所不能。

第二类诱发性事件（A）会让我们六神无主，此类是一些日常的烦心事、无可奈何的感觉、担心、麻烦、决定和难相处的人。它们用车轮战来磨蚀我们，每一个能量都不大，但加起来肯定是致命的。

比如，在工作中能刺激到你的是不停的打扰，频繁的截止时间，难相处的上司、主管和同事，高速公路交通，办公室的钩心斗角，能力缺乏（通常是他人），不必要的文字工作，规章制度和流程的变化，自以为无所不知，缺乏责任心，懒惰，消极怠工，个性冲突，太自以为是，怨天尤人，失去晋升机会，得到晋升机会，被冤枉，不被赏识，工作繁重，厌倦或没完没了的会议，**在你必须做的和你认为是对的之间老是存在差异**，不确定自己做得好不好，责大权小，跟难缠的顾客、公众、小贩或其他部门的人打交道。哇哦！

你可以给自己工作上的诱因列一张单子。这些诱因我们都会碰到，且大部分都是琐事——但单子可以变得老长。请在后面的练习部分找到合适的表格作为开端，然后往你的单子里添加项目。

在你的个人生活中，诱因（A's）可能是跟你的孩子们相处，跟伴侣发生冲突，家务劳动，设备（车、电器、答录机）坏了，财政问题，经历离婚（或相反——结婚）○，搬家，重新装修，跟 IRS、难

○ 有一次，在一个工作室里，我（阿瑟·兰格）询问刺激人们的具体事例，听众中有人说："离婚。"我答道："离婚的反面是什么？"她说："死亡！"

相处的亲戚或邻居打交道，跟没完没了的电话推销员、服务质量差的人、自私或不体贴的朋友、家人重病或死亡或孩子出生打交道。值得注意的是，有些事件（A's）是好事，有些则是坏事。不论好坏，它们都可能是潜在的诱因。要注意的是，有些情况是互为正反：离婚与结婚，得到晋升与失去晋升，家中孩子出生与亲人死亡。我们几乎有本事对任何事都反应过激！我们不会都对同样的事反应过激，也不会遭遇完全相同的情形（A's），但我们都具有一套可能刺激我们失常的个性化因素。

有时候，A's（诱因）是一系列出了错的事件。这是史蒂夫·马丁（Steve Martin）、约翰·坎迪（John Candy）主演的电影《飞机、火车、汽车》（*Planes, Trains, and Automobiles*）的真人版。几年前，我（阿瑟·兰格）被邀请到慕尼黑为来自世界各地的 400 名心理学家的会议致开幕词。这可是了不得的荣誉，我欣然接受了这份邀请。在会议开始的前两天，我从南加州出发，结果从洛杉矶到慕尼黑，共耗费了 47 小时！（不管你走没走过这一趟，都绝不可能花这么长时间。）

我一大清早就整装出发了，开车来到洛杉矶国际机场和它的西帝国大楼，这是包机航班的云集之地。我走向检票员，对方说："对了，兰格博士，航班已晚点 29 个小时，还未离开法兰克福呢。"（他说话时嘴角噙着淡笑。）我被他的话震住，脱口而出第一个问题："你为什么不打电话给我，让我知道？我必须去慕尼黑！"他说："唉，有这么多人在那架飞机上——我不可能一一通知。"我怒火中烧。

我真的火透了，但我又能怎么办（发一通脾气或给检票员一拳）？我什么也没做。于是，我一路开车回家，并打电话给旅行社工作人员（一个朋友），告诉他："我今天必须坐上去慕尼黑的航班！"他说："我尽力帮你找，但这也不是信手拈来的东西，回头给你电话。"

几分钟后，他打电话报告说："我有坏消息和好消息。好消息是我给你订了去哥本哈根的机票，该机与去汉堡和慕尼黑的航班配套。坏消息是本来你的包机来回票价是450美元，但这次你的单程机票要付785美元。你还要吗？还有，如果你决定要，你就必须立刻返回洛杉矶机场，因为第一班航班一个半小时后起飞。"

这之前，会务组同意报销我的包机费（单程225美元），但我现在已没有时间争取他们同意报销这笔更大的费用，因此，我决定先斩后奏，确认了我的订票。

我冲到洛杉矶机场，上了飞机，飞机滑到跑道上停下来，再不动弹。飞行员通过广播开始说话，用的是典型的飞行员职业化的轻松语调："亲爱的乘客们，似乎出现了一些技术问题，不用担心——如果问题严重，我们会把你们安置在机场的豪华宾馆里。我们要返回登机道，你们需要下飞机，但不要走远，因为我们可能很快解决问题。"我的第一个念头是："我们准备飞越北极，慢慢来，一定要修好，别急！"我的第二个念头是我不会在这儿录音。

约3小时后，我听见通知：往哥本哈根去的XYZ航班15分钟后准备登机。我们回到飞机上，最终平安无事地降落在哥本哈根。但我们晚点3小时，误了去汉堡和慕尼黑的配套航班。然而，我还是冲到汉堡航班的登机口——检票员说："你很走运！（我翻了一个白眼。）沿着这个斜坡下去，快点，因为去汉堡和慕尼黑的最后一班飞机马上要起飞了！"

我快速奔到登机道，上了飞机，飞机滑到跑道上停下来，再不动弹！德国飞行员的声音通过话筒传来，说的是德语。一飞机的人发出"唉！"的声音。（我是心理学家，所以，我立刻知道出事了。）我问另一名乘客（懂点英语的）飞行员说了什么。那人说："我们必须在停机坪下飞机，指认我们的行李；行李会从飞机上被拿下来，然后我们再回到飞机上去。"〇我说："什么？"他又重复了一遍。我说："也许我们的行李出问题了。"他直视我的眼睛，说："听着，朋友——我们必须下飞机，指认我们的行李，再回到飞机上去！"

我们一丝不苟地照着做了。原来是一伙城市游击队威胁要炸飞机，却没说是哪一架！机场立即决定确认所有行李。我们是第一架受到威胁后准备起飞的飞机，行李还未经确认，因而不准离开。现在，我有两种反应：一，确认过程花了 1.5 小时，我去慕尼黑的配套航班又没戏了；二，我想知道飞机什么时候被炸。我们又登上飞机，飞机起飞了。最后终于降落在汉堡。平安无事。

我跑步穿过汉堡机场时，祈祷着能赶上去慕尼黑的末班飞机。我很累，看上去不修边幅（当时我的头发比现在长得多，倒霉的是，还穿得花里胡哨的）。我一抬头，看见机场墙壁上贴满了一打城市游击队成员的大幅通缉海报。我倏地意识到自己跟里面的 9 个人相像！

突然，两名肩挎冲锋枪的士兵朝我冲过来："站住！"我在离地面四英尺〇的地方停下来。显然，匆忙之中我进入了"禁止入内"地区。可以理解，当时的我看上去十分可疑，这些年轻人对于可能出现的炸弹犯感到有点紧张，于是决定搜身。他们把我带到有一名官员的小房间，仔细、彻底地搜查我。他们在找一枚炸弹！我现在可以告诉你，我绝不会把炸弹放在他们能搜到的地方。事业也罢，改革运动也罢，都不能让我把炸弹藏到他们搜查的任何地方！

他们很快让我离开，我终于到达慕尼黑售票点。奇迹中的奇迹——票务员说还有一趟去慕尼黑的航班，本来已晚点，但现在正好准备出发。我上了飞机！飞机滑到跑道，停下来，再也不动弹！飞行员宣布（这次既用德语也用英语）航班取消，慕尼黑有雾，飞机无法

〇 说到这儿，你肯定认为这是一个笑话或骗人的玩意儿，但这是真事——更倒霉的事还在后头呢！

〇 1 英尺≈0.3048 米。

降落。飞机飞得起来，却无法着陆！

我们下了飞机，找到站在柜台后面的票务员（我们是一群怒气冲冲的人群）。他连忙解释我们有两种选择：①等到明天早上（当时已是晚上 11 点，我早上 8 点致开幕词），希望雾会散去；②让航空公司把我们的票转成火车票——据说可以让我早晨 8 点 5 分到达慕尼黑。于是，我又临时决定把飞机票换成火车票，这趟车说是半小时后出发。

我叫了一辆出租车穿过城市抵达火车站，进去后发现 40 列台阶，每一列通往不同的轨道，并在顶端标有一两个城市的名字。我到达 22 轨道，牌子上写着"慕尼黑"。我对自己说："终于熬到头儿了。"我正在下台阶，车就开动了，我真就把行李扔到最后一节车厢的台阶上，并跳上火车。我成功了！

我跟一些加拿大人坐在一起，略聊了聊，但已是午夜过后，我们都决定睡一会儿。我们移到前面车厢空着的隔间（那些列车上的椅子可以放下来在上面睡觉）。到大约凌晨 4 点，我从酣睡中醒来，感到火车重重地震动了几下。我翻了一个身，心想："不可能再出事了。"但是，震动的声音又开始了，火车好像要停了。我赶紧爬起来（我的行李在另一节车厢里），走过过道，打开门——空空如也！外面漆黑一片，但我很清楚地看见火车的其他车厢不见了。我慌了，因为（这也是让我疑惑的地方）没人在这节车厢里。我完全懵了，突然看见车厢一边有一块牌子上写着"柏林"！⊖就在这时，火车开始发动了。于是，我第三次临时起意：从移动的火车上跳下来。（相信我，这跟老牛仔影片不同！你真的只能头朝下飞跃，尤其是你还看不见鼻子下面是什么。）等我爬起来，才终于意识到自己做了什么。我站在德国中部某处的黑暗里，唯一能看见的亮光愈来愈小，直到消失在远方。

⊖ 自那以后，我了解到德国火车常常"一分为二"，一半朝一个方向开（我的行李就没走错——直达慕尼黑），另一半往相反方向开（比如带着我的这一半车厢朝柏林开）。

德国人的观察力敏锐到不可思议。约两分钟后，一个火车头从我站立的地方经过，火车司机估计看见了我——因为几分钟后，两个人出现在铁轨旁（一个戴着乘务员的帽子，拿着步话机；另一个戴着白色安全帽，手里拿着大棒）。我不停地叫："慕尼黑！慕尼黑！"最后，乘务员看着另一个人（显然同时在监视我），重复道："笨蛋！笨蛋！"我自忖："我们在交流呢。"

乘务员联系上了去慕尼黑的火车（该车刚刚绕过一个弯道，往一个小车站去）。我上了这趟车，正好早晨八点零五分到。幸而德国人效率高。

这时，会议在马里兰州立大学的辅助下正在进行中。该校正好在慕尼黑美国军事基地麦格劳卡森有一个校区。别忘了，在经历种种不幸事件时，我一直没有机会联系上会议工作人员，告诉他们所有这些问题和延误。偏偏麦格劳卡森是军队的电讯中心，会议协调员非常清楚我在整个行程中的具体位置。他们知道我没赶上包机，知道我在另外两趟航班上，知道我换乘了火车。他们唯一不知道的是我从行进中的火车上跳下来。我竟然在这趟旅行的最后一段还有时间梳洗了一番。

我在慕尼黑下车时，负责会议的三个人在火车站接我。他们飞快地把我送上出租车，立刻赶往会场。我走向讲台，给抗压学术报告会做了主旨发言！毋庸置疑，我有大把的新鲜事例可拿来做演讲素材。事实上，在整趟担惊受怕的旅行中，我数次使用了这本书中描述的技巧，从而让自己免于痛苦不堪、魂不守舍。尽管这无论如何都不是一段赏心悦目的旅程，但靠我们马上要告诉你的四个步骤的帮助，我真的做到了从容淡定。

请列一张与你个人有关的诱因清单，并使用后面练习部分的合适表格。诱因可能是具体的人，或单个事件，或一系列祸不单行的事件，但不一定是大事件。这些事或人看上去甚至不值一提，但如果会令你反应过激，就把它们列入清单。

我们现在来谈 C's（暂时跳过 B's）。在 ABC 模式中，C's 代表两件事：在 A 处发生的具体情形里，你的感觉和你的行为。比如，（在 A 处）你有一个重要会议或约会，但却在高速公路上遇上意外的交通情况——也许还不是汽车长龙，只是行驶缓慢。随着你迟到的可能性越来越大，你真的开始焦虑、烦躁和恼火（你在 C 处的感觉）时，你会如何开车呢（在 C 处的行为）？你也许会从巷子里杀进杀出，在车流中穿梭，开得比平常要快，鸣笛，朝其他司机吼叫并挥舞相应的手势来诋毁他们的智商。有人还会溜进合乘车专用车道，在副驾驶那一边举起夹克衫，指望公路巡警不会来抓他们。如果你不是真的很烦躁，正常情况下你会那样驾驶吗？多半不会（虽然有人从来就是那样驾驶的）。你看出问题来了吗？

这种模式的首要一点就是：感受在很大程度上影响行为的产生。你的感觉方式强烈地、大大地影响到你的行为方式。如果你过度烦躁、生气、急不可耐地要到达某个目的地，你就会疯狂开车。

想象一下，你被同事选出来在公司高层领导面前做重要演讲，以期说服这些人修改规定或流程，而你"仅仅"是一名主管、职员、秘书或中层经理。别人选了你只是因为他们要那些高高在上的人听听来自基层的人的话，而你从未做过这种事。如果你情绪过于激动，你会是哪一种情绪？选选看，是过分焦虑、过分愤怒、过分抑郁还是过分愧疚？最有可能是过分焦虑，因为你要面对一桌子的高层领导讲话，而那桌子长达 9 米。⊖

⊖ 顺便说一句，头号恐怖症（远远超过典型的恐怖症如恐高症、恐蛇症、开阔地恐怖症、幽闭恐怖症、飞行恐怖症）是在一群人面前讲话。二号恐怖症紧跟其后，其余的则不足为惧：因为二号恐怖症是死亡恐怖症！是啊，人们对在人群前讲话的恐惧超过对死亡的恐惧！我相信这是真的，因为你问人时，常听到这种说法："我是不会站起来的。我难堪极了，恨不得去死！"

你会如何行动？你可能会躁动不已或讲得结结巴巴、断断续续，或说得飞快或干脆哑口无言。你会再一次看到，感受通常催生行为。如果你走在街上，沉静地跟一个好友聊天，你会躁动不已（或出现别什么情况）吗？不会——因为你不焦虑。现在记住，尽管不是每个人在人群前讲话都过分焦虑，但如果你是这样，就会影响你在此情景中的行为。再强调一次，感受通常影响到行为的产生！我们后面会看见，行为也会影响感受。

如果你正当青春期的儿子或女儿这星期叫你厌憎了第 4 000 次——不遵守规定、不尊重人、不负责任——令你受够了，你会如何说话和行动？你会提高嗓门、威胁、说脏话、极尽贬损之能事、大发雷霆或"掌掴他（或她）"。你如果不生气，会这样做吗？多半不会。我们的感受通常催生我们的行为。

"假使你想确保没有人或事可以左右你，那么，只要不过度焦虑、生气、抑郁或愧疚就行了。"如果我们只是这样说说，这本书就可以到此结束了。好极了！小菜一碟！但未免太简单了。实际上，明白这些神经病心理所起的作用是很重要的，不过，关键问题是：什么东西导致感受的产生呢？是什么一开始就导致我们过度焦虑、生气、抑郁或愧疚呢？这就是令大部分人犯下不可思议的错误的地方：他们相信 A's（诱因）导致 C's（感受和行为）。这不是真的！！

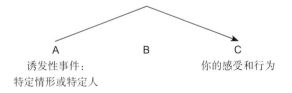

A　　　　B　　　　C

诱发性事件：　　　　　　　　　你的感受和行为
特定情形或特定人

然而，我们就是这样想、这样说、这样解释我们的世界的。假如我对一位同事说："比尔，你今天上午看上去像是被谁惹了似的——怎么了？"他会说："我刚才有一个半小时陷在高速公路上出不来。

我想早点来，为这个会议做准备，现在只能在寒冷中步行。我的一天都给毁了！"他说话的架势好像是 A 直接导致 C，好像是 A（陷在高速公路上，没时间为会议做准备）叫他在 C 处恼火而易怒，可这不是真相——尽管看上去是那么回事儿。

就说你跟配偶吵了一架吧。在回顾所发生的事（尤其你还在生气）时，你会想起你说了些难听的话，但也许很快就会用这样的话来解释你的行为——"是他挑起的"或者"她把我气疯了……"你想说的是他或她的行为（诱发性事件）导致你出现这种行为方式（在 C 处）。但这也不全对：你在 B 处对他或她的看法也诱发了你的行为。

我的一位同事撇着嘴对另一位同事说："你知道吗，你在例会上发表的见解真把我气死了。（沉默。）我就是要你知道这点。（扬长而去。）"他说别人在例会上（在 A 处）的发言把他气坏了（在 C 处）。但事实上，A's 仍然无法直接导致 C's——虽然我们通常认为是这样的，这看上去甚至就是这么回事儿。我们不停地对孩子们说："你把我逼疯了！"但 A's 本身并不导致 C's 的产生。

好吧，如果 A's（诱发性事件）并不直接导致 C's（感受和行为），那是什么导致 C's 行为的发生？在大多数情况下，是 B's 导致了 C's 的发生。B's 跟 A's 相互作用，成了 C's 的主要导火线。B's 才是杀手！如果我们将其放任自流，它们就会真的成为杀手 B's。

A ⟶	B ⟶	C
诱发性事件： 特定情形和特定人	你对诱发性 事件的信条	你的感受和行为

这就是 B's。因此，什么是 B's？当我们在 A 处遭遇困境或遇到跟我们过不去的人时，最终在 C 处情感爆发或做出过激行为之前，我们在 B 处会做什么？我们在 B 处的所作所为要描述起来，不乏辞藻：我们做出选择、感知、决定、分析、判断、审时度势、评价、想象等

反应——所有这些辞藻都可以放在一个红色标题下面，呈伞状排列：我们在思考！我们对具体的人或事的思考方式决定了我们在 C 处做出的情感和行为反应，决定了我们是否会被 A's 牵着鼻子走。

由此，我们能更清晰地看到：不是 A's 导致 C's，而是 B's 导致 C's。但目前仍有人相信这点——他们不思考——特别是在突发事件里，他们只做出反应："他一张嘴，我就扑倒他。""我读着备忘录，怒气冲天。""一听到他们做的事，我就暴跳如雷。"

然而，有一个最好的例子来展示 B's 导致 C's：想象你是听我演讲的 50 位听众中的一位，讲到一半时，我搬来一个大纸板箱，打开它，很快把箱里的东西拿出来抛向全体听众。我拿出来的是你生平所见的最大最粗的响尾蛇。我不是说细短的花纹蛇，我指的是粗壮的德克萨斯响尾蛇。它们可迅速朝三个方向迂回前进，巨颌大张着，叉形舌嗖嗖往外弹射。

了解那种场面了吗？你做的第一件事是什么？跑、大叫、惨叫、跳上椅子、心脏病突发、要杀了我？这些都是典型反应——但严格地说，不是准确的反应。首先，你得看见这些蛇。如果你正盯着钟或天花板看，或在我扔蛇时，你正在做笔记，什么也没看见，你会抬头想："咦，大家都在喊什么？"也许你听见一条毒蛇的嘶嘶声，或也许有一条蛇正好落在你大腿上，你感觉到了！

现在我要说的是：看见、听见或触摸到，都是你的感觉！这条信息先去哪里？你的膝盖骨？你的心脏？你的脚？（"脚啊，现在千万别离开我呀！"）不对，应该是先去了你的大脑，对不对？

于是，你的大脑做了两件事。首先，它给这件事贴标签——冷静地、就事论事地、不带感情色彩地："响尾蛇从空中直接朝我飞来。"接着，你的大脑对这件事做出判断。在这个过程中，大脑开始说：'响尾蛇！危险！危险！"用电或化学的方式把这条信息通过下丘脑（大脑最原始的部分，起到交通警察的作用）传递到你的全身，提醒身体对危险做出反应。

别忘了所有这些都在刹那间完成的。那些蛇还在半空中而你距离门口只有 1/4 的距离了，这期间，所有这些想法都冒出来了。这是突发事件的一个极端例子，肯定会令我们大部分人惊慌失措的——即使在这种情景中，我们做的第一件事仍是思考。⊖

我们现在要郑重其事地声明这一点：要想不受制于人和事的一条重要原则是，在 A 处发生的事是否真实不重要，你在 B 处的所思所想才会在很大程度上决定你在 C 处的感觉和行动。如果你认为搞砸某事很可怕，那么你或许会避开搞砸的局面，或许会应验你自己的预言，真把事情搞砸了。如果你相信你生活中必须有一些可以把你变得身心健全的人，一旦没找到，你就会很悲催。"这些人"就把你变成了提线木偶。如果别人在高速公路上抢道，而你无法忍受这点，当别人这样做的时候你就会很愤怒，甚至与人发生冲突。你的老板设置无理的截止时间或不公正地批评你，如果你认为他或她很可怕，你这份工作就会做得不开心。如果你的配偶或孩子不体贴人、没有责任心或不尊重人，把你"气得发疯"，你就被他们牵着鼻子走还吃力不讨好。

我们要说的是，不管情形如何逼真，我们如何看待它才真正决定了我们会有多愤怒、沮丧，决定了它是否能牵动、左右我们！这既是好消息，又是坏消息。如果 A's（诱发性事件）自动导致 C's（我们的感受和行为）怎么办？我们就会有麻烦了。为什么？因为我们的反应就会完全失控。然而，既然我们在 B 处对某人、某场景的思考方式

⊖ 我从听众中得到了一个对这个问题——假如我往人群里扔蛇你怎么做——的有趣反应。他用清晰的得克萨斯拖腔说："我把它们捡起来。"我说："可能吗？你想做什么，铁血猛男？"他解释说小时候他住在牧场上，家里把养响尾蛇当做路边景点，因而对这种场面有不同的考量。他认为把蛇小心地捡起来往屋外奔并不小心踩上一条要安全得多。在这个事例里，正是因为他过去的经验（在 B 处）告诉他可以如此处理那些情况，他才会有这种行为表现。

真正决定了我们如何去应对，我们就有了控制反应、不被他人他事所左右的潜力。这是好消息。

坏消息是我们也不得不对我们在 C 处的感受和行为负责。我们不能真正对自己说"她叫我很不开心"，或者"他气死我了，我恨不得扭断他的脖子"，或者"我正在闹离婚，很郁闷"，或者"工作把我整垮了"，或者"我的私人生活正在毁灭我"，或者"孩子们在拖我的后腿"。有时候，我们埋怨他人或发生在我们身上的事情，以此证明自己的过激反应是对的（"人人都会做出这样的反应"）。其实根本不是这么回事儿。A's 本身不会导致 C's。

对自己的感受和行为负责十分重要。首先，我们不是说你应该为自己不好的行为责怪或抨击你自己。问题是，我们常用责任、责备、错误这些措辞，仿佛这些措辞是可以互换着使用的——实际上，它们大相径庭。责任指的是你对自己的感觉和行为负责，因为你有引导和控制它们的能力。自责指的是你因表现不好而让自己无地自容。承担责任是健康的，自责则是自毁长城。

另外，当我们说你在 C 处的感觉和行动取决于你认为真的是那么回事时，并不是说假如你认为你能飞，你就因此从十楼跳下去，竟能飘落在人行道上。这是不可能的，你会像其他人那样血溅当场。但是，假如你硬要接纳这个极端例子的逻辑荒谬性，真的认为自己能飞，你有可能爬上高楼，愚蠢地起飞。

再者，我们并不是谈论正面思考的价值——虽然这是值得赞赏的，因为正面思考可能会刺激人们去尝试他们绝对不可能做的事⊖。

⊖ 正面思考肯定能击败负面思考。但有时，正面思考会成为现实的反面或歪曲的现实。有时候，放任我们自说自话的那些客观认定其实只是一些主观臆想。这就出现了第三种选择：现实性思考。喜剧演员乔治·卡林（George Carlin）在电视上做了一个好榜样。他嘲笑那些"肯定运动"的追随者，那些人老是问："半杯空还是半杯满？"他说："老实说，我认为杯子太大了！"他既不积极也不消极，他只是注重现实！

我们只是说你在具体情况下的思考决定了你对这种情况（及情况中的人）如何做出反应、做出多大反应。

B's 很大程度上导致 C's 的绝佳例子来自哈林花式篮球队。在他们表演得正起劲儿的时候，有两名哈林球员，其中一名把持着球不撒手，于是两人假模假样、互不相让地争吵起来。活灵活现的吵架开始升级，一名球员把一杯水泼到另一名的脸上，后者冲到运动员休息区，操起篮球队的桶（天知道里面是什么腌臜东西），把他的吵架对象追赶到观众席上。最后时刻，被追的人躲开了，拎桶的人马上就要把里面的东西倒到观众席上了。人群中的孩子恰好证实了 B's 导致 C's。

孩子们出现两种完全不同的反应：以前看过这个小品，知道里面是糖果的孩子昂首挺胸地大叫，"来啊！""倒啊！"没见过这场面的孩子则藏在别人身后，护住头。场面（A）一模一样，但在 C 处的感受和行为则截然不同。两组人的不同之处在于他们的思考，即他们对当时情况的预期不同。A's 不导致 C's，B's 在很大程度上导致 C's。◯

最后，我们不是说感觉强烈是坏事。我们要说的是，我们常常自然而然地对挫败我们的人或事反应过度——而我们考量它们的方式则是雪上加霜。在那一点上，我们成为始作俑者。强烈的感觉是好事，反应过激却会把我们搞得一团糟。

练习

练习1A　了解你的感受和行为失当与否

当你使用本书中的概念来避免受制于人或事时，这里有若干认知、

◯ 我不清楚这件事究竟有没有发生过，但有人报道说有一次哈林花式篮球队真的把水装进桶里——把那些昂首挺胸的年轻人着实吓了一跳！

情感和行为方面的练习供你使用。你可以用其中一些来判别自己的感受是否恰当，确定自己的看法是否理性（这在下面章节里会提到），正是这些看法形成了你的感受。同时，你还可以找到**反制和回击你的非理性信条**的方法，从而改变你在情绪上的过激反应（这稍后会提到）。我们在这本书的每一章后面（除了最后一章），都提供了一些练习，来帮你理解和确认你的思想、感受和行为。当受制于他人他事时，你也可以用这些练习来改变你的心理活动和行为。

第一项练习就是在下周观察自己，确定你在何时、何地及如何经历了这5种不受欢迎的感受和行为中的一种：①过分烦躁或担心；②过分生气或防备；③过分抑郁或倦怠；④过分愧疚；⑤任何形式的过激反应及对自己有害的行为。下面就有一张工作表样本（我们称为练习表），你可以用来帮助自己做练习。

练习1A　练习表示例：了解自己失当的感受和行为

日期	失当的感受 或行为（C's）	发生在这些感受和行为 之前的事件（A's）
6/3	过分生气，朝儿子尖叫怒吼。	儿子拒绝起床上学，我快迟到了。
6/3	恐慌，戒备。后来对上司感到愧疚。	上司怒气冲冲地要求知道何时能完成那个又长又磨人的报告。
6/3	过分生气，对同事充满敌意。	其他部门的人没把该报告需要的信息送过来。
6/4	郁郁寡欢。	工作考评得了低分，拿到低绩效工资。
6/6	拖延——找其他不重要的琐事做。	准备写重要报告。
6/7	中饭吃得（喝得）太多。	快到午饭时间报告仍然没写多少。

| 6/7 | 烦躁易怒、肚子痛，更加拖延。 | 午饭吃得太多，又得面对悲催的报告。 |
| 6/7 | 跟配偶大吵一架。 | 报告离完成还远着呢，配偶批评你最近没个好脸色。 |

练习1A　你的练习表：了解你失当的感受和行为

日期	失当的感受或行为（C's）	发生在这些感受和行为之前的事件（A's）

练习1B　分辨你的感受和行为恰当与否

要想学会分辨你恰当（自助性）的和失当（失去行动力）的感受和行为，就要经常问自己："这能改善我与他人的关系吗？""这会影响我的健康吗？""这会让我实现或无法实现目标吗？""这会帮助或妨碍我看重的人吗？""这种感觉会让我得到大部分我想要的东西还是很少一部分？""这会让我现在或将来惹祸上身吗？"

把你目前失当的感受和行为列一张清单，然后从中找出你认为可以有所改善的，再列一张清单。

练习1B 练习表示例：分辨恰当的、失当的感受和行为

日期	失当的感受 或行为（C's）	可替代的恰当感受或行为
6/3	过分生气，对儿子尖叫怒吼。	无可奈何。坚定冷静地告诉他，我要他做什么，如果他不做会有什么后果。如果他仍然拒绝，就让这些后果发生。不大喊大叫，不恶狠狠、凶巴巴的。
6/3	恐慌，戒备。后来对上司感到愧疚。	对他的催促表示关切，对自己承诺一定完成任务。
6/3	过分生气，对同事充满敌意。	很快把沮丧合理化，客气地索求必要的信息。要对方做出承诺，"认同他的承诺"。
6/4	郁郁寡欢。	表示非常关心和失望。找到原则性错误，改正它，或如果认为考评结果不合理，就放下心防与上司探讨一番。
6/6	拖延——找其他不重要的琐事做。	把长报告切成具体的小块，先从我能做的那块开始。
6/7	中饭吃得（喝得）太多。	跟朋友一起吃一顿简餐，谈论好玩的话题，把中午休息时间过得积极一点。
6/7	焦躁易怒，肚子痛，更加拖延。	勤奋地逐步攻克项目，完成力所能及的那部分——但要持续专注。
6/7	跟配偶大吵一架。	略谈一谈工作中那个讨厌的项目，争取支持，一起享受晚上余下的时光。

练习1B　你的练习表：分辨你的感受和行为恰当与否

日期	失当的感受或行为	值得要的恰当 感受或行为

练习1C　当直面那些难人难事时（当我可能纵容它们牵着我鼻子走时）

　　虽然你发现自己已能频频避开那些可以左右你的诱发性事件（A's），你的确是避免了经常性的反应过激，但是，你并未改变或控制住那些令你沮丧愤怒的潜在思想根源。你并没有把事情处理得更好——你只是把它掩盖起来了。这种短期的解决办法只能发挥短期效用。于是，你要么大发作（从麻布袋里），要么把自己拘得太紧，以至于你不冒险、不证明自己的实力、不作为（至少不做独善其身的事）。如果你回避一个讨厌的同事，你几乎不会因为这个人而使自己不愉快和发怒，但你却无法把自己的看法（"一个混蛋而已！他真不该这么讨厌，他讨厌起来我根本无法忍受！"）变成更佳之选（"我希望他不要那么讨厌，但他就是讨厌，这叫人很沮丧，但我还能忍受。"）。

　　你可以有意靠近那些可能牵着你鼻子走的人和事，或跟它们待在一起而不是避开。虽然这是在考验自己，但往往是更好的方法。这样，你就能对讨厌的人和事不那么敏感，进而在行为上训练自己不因为它们而动怒。要做到这点，就得去寻找工作中、家里和社交上令人感到挫败的情形，有意去面对它们（不是所有的），前提是这些情形不会对你造成真正的伤害，只是提供一个机会，让你调整自己对生活中逆境（诱发性事件）的反应（后果）为自己要面对的困境和难相处的人列一张清单，练习如何适度地处理它们，而不是回避它们。

练习1C 练习表示例：我很快就将试着去直面那些难人难事

1. 坚定而冷静地对待我的儿子，而不是对他的行为装成没看见，也不是不停地恳求他快点。

2. 放下戒备心，跟上司谈谈某些无法完成这篇报告的绊脚石，商谈出一个切实可行的截止时间，而不是默默承受对方的怒气，回来折腾自己。

3. 直接去找我的同事，明确说明我需要信息而不是他们拖着不办的推诿，向他们解释为什么我急于要他们兑现承诺以示这有多重要。不向别人抱怨他们。

4. 把写报告的任务系统化，而不是拖延。

5. 与配偶愉快地相处一个晚上，而不是对他/她的情绪表示不满，待在一个中立区生闷气。

6. 把会导致戒备心的敏感话题跟配偶冷静地提出来，并进行讨论。

7. 对那种尤其喜欢恐吓人的人，坚持不屈服的立场。

练习1C 你的练习表：我很快就将试着去直面那些难人难事

_____

_____

_____

_____

_____

_____

_____

_____

_____

第2章

我们内心让人牵着鼻子
走的疯狂信条⊖

三种病态思维方式

我们回到 B's 吧！面对 B 处发生的任何状况，我们主要会想到
四种应对方式。同样，既有好消息，又有坏消息。好消息是，仅有的
四种方式都便于被识别、记忆。坏消息是，你会认为四种方式中的三
种都糟透了。我们的意思是，如果你具备这三种思维方式中的任何一
种，你就有可能反应过激，无法有效地摆平局势，并且会让他人他事
牵着鼻子走。我们赢不了——我们是肉身凡胎，不能像机器那样运
作，不能自始至终地保持纯功能性思考，但我们可以选择如何更好地
思考、感受和行动——当在某些人面前或陷入某种被动的具体状况中
时。做到这点需要两个步骤：首先理解你为何跟自己过不去，然后是

⊖　本书将多处出现的"belief"译为"信条"，并在此言明和定义一种理解方式：
　　信条是一种先于念头、先于想法的东西；当我们经常性地用一种语言模式想问
　　题时，可以认为，这种思考方式就受到了我们潜在信条的影响。

如何改变你的过激反应。

B处主要有三种病态思维方式。第一种叫**灾难性思维方式**（catastrophic thinking）。这是一个 10 美元的词儿，意思仅仅是，我们把什么都看成灾难。我们把不是灾难的事情放大成灾难。许多灾难性思维从"万一……怎么办"（what if...）开始。比如，你在外间办公室等待一场重要的求职面试。你能想到多少"万一……怎么办"，以至于在面试中因紧张而丢盔卸甲？"万一我答不出他们的问题怎么办？万一我不够格怎么办？万一我是大材小用怎么办？万一他们不喜欢我怎么办？万一我的话不中听怎么办？万一我没得到这份工作怎么办？万一我得到了这份工作怎么办？"诸如此类。这些问题强烈表明，如果真是如此，这就不仅仅是值得关注的事，而是意味着真正的灾难——恐慌时刻到来了。带着这种思想去面试，你早已精神崩溃，不战而败。

青春期的青少年最善于用灾难性思维方式想问题。"万一心上人不喜欢我怎么办？万一考砸了怎么办？万一跟那帮人合不来怎么办？万一不受欢迎怎么办？万一朋友们发现……怎么办？万一他们认为我是书呆子怎么办？万一我丑或长相滑稽怎么办？"他们是从我们这儿学来的，我们只是流露出来时表现得更圆滑（更狡猾）一些，我们没那么坦率。

成年人在私生活和感情生活中也会误用灾难性思维方式。比如你和伴侣的关系都出现了严重问题，你会开始想："万一他不爱我了怎么办？万一我对她没有吸引力了怎么办？万一他移情别恋了怎么办？万一我将孤独终老怎么办？万一我保持这种关系但很不如意怎么办？万一他不像自己说的那样去改变怎么办？万一她厌倦了我怎么办？万一我对他来说太老或太年轻了怎么办？万一关系无法改善怎么办？万一我们老是吵个不停怎么办？万一我们始终都以工作为先怎么办？"

这只是我们在具体情况中想到的一部分"万一……怎么办"，此类假设品种繁多，能叫我们沮丧无比。在你懂得改变和控制灾难性思维方式之前，理解什么是灾难性思维方式，什么不是，是有帮助的。

不是每一个"万一……怎么办"的念头都是灾难性的。比如等面试时，你会想："万一他们问我的长处是什么怎么办？"你不傻，可能会在脑海里列出自己的长处作为回答。或者，青春期青少年会想："万一我跟那帮人合不来怎么办？"并以一种决心作为回答："我尽力，如果还不成，我或者多练练，下一次再来试，或者去别的团队或活动去试试。"也许，你遇到一个有吸引力、你想与之约会的人时会想："万一我们没有共同语言怎么办？"你的结论性回答或许是：要么你们的不同之处不让人讨厌，要么没戏，但你也不会把自己赔进去。

所有这些考虑的第一个念头都以"万一……怎么办"开始，但都不是灾难性想法。把"万一……怎么办"念头变得灾难性的不是问题本身，而是对这个问题的回答。"万一我没得到这份工作怎么办？这太可怕了！""万一我跟那帮人合不来怎么办？我绝对受不了！""万一他对我不感兴趣怎么办？我难堪极了，我会去死！"对"万一……怎么办"的回答才是灾难性的。这就是为什么我们把这种思维方式称为"把什么都**恐怖化**（awfulizing）"。如果你对"万一……怎么办"的回答是"太可怕了！"（诸如此类的反应），你可能就是把事情恐怖化。（我们倾向于用"恐怖化"这个词，而不是"灾难化"，因为前者更形象地描述了这种类型的过激反应。）

"万一……怎么办"不是把事情恐怖化的唯一形式。有人情绪激动起来，是因为他常这样想："当……时，我会疯掉的。""当……时，我绝对受不了。""要是……的话，我死定了。"以及"当……时，我就恨死了。"一旦有了这些想法，你就容易被他人他事牵着鼻子走。

把事情恐怖化是让你陷入狼狈境地的绝妙方法。你把事情恐怖化，等真正发生时，并没有你想象的那样恐怖，这种情况你遇到过多少次？我们都时不时地遇到过。我甚至遇到过一个人愤愤然对我说："那又怎样，最后不都摆平了吗?"我说，"没错，结果是好的，但你享受那过程吗?"

没错，把那个截止时间、那个决定、那种关系恐怖化，把自己搞得如丧考妣，你喜欢吗？把事情恐怖化，在某种情境里，自然被认为是唯一能做出的反应，但这绝不是真相！在某种情境中把事情恐怖化是正常的（几乎是自动的），但我们把事情恐怖化的次数比别人多得多。我们其实可以学会不放纵情绪上的反应过激。

除了把自己弄得凄凄惨惨之外，还有别的什么后果会让我们最好不要把事情恐怖化？当你把某事某人恐怖化时，你还能保持头脑清醒吗？当然不能！你有可能做出明智的决定吗？当然不能！如果你不过激反应，显然更有可能处理好人或事。更重要的是，你能照顾好自己，不让自己被人或事牵着鼻子走。关键是如何做到这一步。

我们不是说你应该冷漠寡情、完全没心没肺或像一个机器人。不可思议的是，这是过激反应的另一个极端。在拥有合理、适度情绪与极度沮丧之间还是有很大空间可以挖掘的。你没发现把事情恐怖化等于设了一个局，把你变成了提线木偶？我们将告诉你如何对抗和改变这些蠢念头，但首先，我们最好知道所有的"敌人"。

第二类病态思维方式（screw ball thinking）被称作**绝对论者思维方式**（absolutist thinking）。又是一个 10 美元的词儿。绝对论者思维倾向以下面几种形式出现："我必须……""我应该……""我不得不……""我只能……""我一定得……""我非……不可"诸如此类。我们中有些人整日纠结于自己的事。"我应该做这件事。我应该做那件事。**我应该**（should）把这事儿跟那人说的。我必须更那个一点。

我应该思路更清楚一点。我应该更有吸引力、更聪明、更机智、更受欢迎、更具有行动力。我应该更坚定一点。我不应该那么咄咄逼人。我不得不（I've got to）无保留地说出来。我真的必须管好自己的嘴巴。"等等。

我们中有些人整日把"我应该"挂在嘴上！没错！我们都把"我应该"挂在嘴上，经常在自己的事务里纠结不已。但我们的"我应该"程度不同，理由不同，"我应该"的方式也有所不同。我们会自我苛责得不得了，这就是"应该"经的目的。我们把"我应该"看得比外貌还重："我应该有短一些的……大一些的……牢固一些的……长一些的……"——你就想象吧。

我们向这些人看齐：辛迪·克劳馥、妮姬·泰勒、金·贝辛格、惠特尼·休斯敦、马特·狄龙、汤姆·克鲁斯、丹泽尔·华盛顿或帕特里克·斯威兹。毫无疑问，他们属于"最美的人"。可是，当我们无法与他们相提并论时，我们非得"我应该"不可吗？当然不！然而，我们就是这么去做了，而且是经常性的——不仅在外貌上。我们搞砸了，我们被拒绝了，我们不敢面对某人，事情没有朝我们希望的方式去发展，于是我们就"我应该"个不停。

我们告诉自己："我应该更聪明、更成熟、更有创造性、更雄心勃勃、更稳定、更无拘束、自主性更强、更有逻辑性、直觉更强、说话更清晰、知识更丰富、更自信、更果断、更机智并且（或者）更幽默。"我们应该要么轻松对待，要么认真对待。我们应该迅速长大，从容变老或者永葆青春。我们应该安分守己、安居乐业。无论"这"是什么，我们肯定应该去做"这"。

当你已达到"我应该"的标准时，想知道接下来会是什么吗？首先，你脑子里又充满了"我应该"！有时候你不再"我应该"了，于是你就开始了"你应该"："你知道你必须……""你应该更多地……"

"你非做不可的是……""你就该……"我们中有些人特别善于说"你应该"。领导被人"你应该"了一通，立马把自己的下属"你应该"一通，下属再对下属念"你应该"经。这就是"你应该"的涓滴理论，一直往下滴，直到底层某个人回家踢了猫一脚，或把猫扔了出去，猫成了无助的出气筒。

然而，更坏的莫过于我们在心理上对自己念"我应该"经。这种形式的"应该化"会让我们陷入身不由己的境地。但我们是如何并从哪儿学会念这种经的？实际上，我们的大脑不停地被"应该化"狂轰滥炸，因而不停地被灌输。最典型的是在家中，父母是始作俑者。"你对弟弟应该好一点。""你应该想要成为一名医生（或律师或印第安部落酋长）。""你不应该自私。""你应该成为我想要你成为的人。""在学校，你应该是一名聪明学生，你应该是名让人叫好的运动员，中场休息时应该有你的单人表演。别忘了，你**应该**做一个受欢迎的角色。"

接着轮到我们的老师和宗教代表上场了："你应该取得好成绩，守纪律、懂礼貌、讲道德，不出格、待人友善。"这些实际上往往都是美好的目标，但问题却出在传达方式上，那就是使用了"你应该"。

你可知道最具潜伏性的"应该化"渠道是什么？电视！我们指的不仅仅是电视节目，还有电视广告。有时候我们潜移默化地接收到电视微妙的"应该"经。"你应该买这款产品，因为不买的话，厄运将至。你会逊毙了，或遭人拒绝，或更糟。"

一则电视广告是这样展开的：一个帅哥下了商船。他穿着水手短外套和水手长裤、戴着水手帽、拎着水手袋走下跳板，上了码头。两个光彩照人的女子跑过来投怀送抱，跟他缠绵起来——就在电视上。他抬头看向船，还有一个帅哥（电视广告里总不乏帅哥）站在那儿，出于某些难以猜测的原因，一副神情落寞、郁郁寡欢的样子。码头上的帅哥立刻知道哪里不对劲了。他把手伸进水手袋，扔过去一款名牌须后护肤水。船上帅哥把护肤水拍到脸上，走下跳板，马上两位美女跑过来搂抱他。下一幕里，同一个帅哥在两个新朋友的左拥右抱下走到大路上，看见第三个男人坐在户外饭店里郁郁寡欢。这个水手经过时，扔给断肠人这款护肤水。不出片刻，另一个美艳靓女就坐到了他的桌边！他还没来得及使用产品呢！只要有这玩意儿傍身就大走桃花运！

你知道这都是胡扯。我们知道有个家伙用这玩意儿沐浴，连朵烂桃花都没摘到。但这条广告要表达的意思很明确：要想吸引女人，你应该（你必须，你不得不，你只能）用这款须后护肤水。

我们也喜欢这条牙膏广告。里面是一对少年恋人，男孩在女孩的门边道晚安，但他没用合适的牙膏刷牙。他俯身向前吻她，巨大的绿色烟雾从他嘴里冒出来，令她窒息，她往后一仰，倒地死了。他用呼吸谋杀了女友！接着，旁白出现了一些这样的话，"你应该拥有某某牙膏，否则在这类关键时刻你就会砸锅。"

接着，有这样一条广告，一个帅哥走在公交车通道上，看见一名可爱女子旁有空位。他寻思（通过旁白）着："今天早上她又来了，也许我能坐在她身边！"她抬头一看，粲然一笑，明显带些期许，可就在他靠近她的最后一刻，她不经意地抓挠起头发来！这帅哥的想法在人类历史上可谓前无古人，后无来者。他想："没错，她很漂亮，但她抓挠头发！"他直直从她身边走过去！

这家伙真该被灭了！是个人都不会这么想问题的！但出现的旁白对这呆子深信不疑。他喋喋不休地说了一些类似的话，"你也许没有头皮屑，但抓挠头发是产生头皮屑的第一迹象。你应该买这款抗头皮屑的洗发露，因为你不想这类事发生在你身上，不是吗？现在告诉我们，你是否每天至少抓挠一次头发？是不是一想到抓头皮，头发就痒起来？"

他们不仅用这种方式销售化妆品和增加个人魅力的产品，而且卖任何东西时都要说服我们，这产品非买不可。有一则咖啡广告讲的是一对夫妇到另一对夫妇家吃饭。女主人问："鲍勃，还要一杯咖啡吗？"我不知道这是为什么，但鲍勃的妻子替他回答了。其实只要鲍勃对妻子说一句："喂，她问的是我。"这条广告就可到此为止了。但他妻子简直有点洋洋得意地说："鲍勃从不向我要第二杯咖啡。"鲍勃飞快地瞥了一眼他妻子，微笑着对可爱的女主人说："当然想再来点咖啡。"鲍勃的妻子马上心脏骤停。代表她心声的旁白道："鲍勃从不向我要第二杯咖啡！"

第二幕是鲍勃和妻子次日清晨坐在早餐区喝第二杯咖啡——甚至第三杯！他已咖啡因过量，失约两次了。但一切都好得不能再好。整个要传达的意思（也很性感）是：你要做贤妻，就得买这种咖啡——因为你不买，自有人买（可以想象会是什么结果）！我们知道这是荒唐的建议，但他们由此售出了大量的这种产品。

真正让我们关注的是，教会我们念"应该"经并担心别人看法的方式是潜移默化的。人们常鼓励我们质疑自己的本事。在某种意义上，评估自己的行为并没有错。但是，太多的人做过了头，最终在太多事情上把应该化都运用到了自己和别人身上。最糟糕的是，把事情恐怖化及应该化致使我们极易被人牵着鼻子走，而这正是我们赋予他人巨大权力的时刻。

我（阿瑟·兰格）住在南加州，在这里，加诸在人们身上的"应该"经念得很艺术。那么多的人整天忙于确定自己在地位尊卑秩序上的位置！一见面，首先从他们嘴里冒出来的就是某知名人士的姓名或名牌，以示与其相识或拥有，借此抬高自己身份。在任何事情上都如此："有一天我开着自己的宝马（或奔驰或保时捷），谁知路上堵得很。"你站在那儿，眼里一片茫然，不知道对方要表达的是什么，直到你意识到对方是在提醒你，他有辆代表身份的名车。你在想："老实说，虚荣心罢了……"然而，不管怎么说，有时这的确会给他人留下深刻印象。

另外一些人第一次见到你时，喜欢盘问你："你好，你住哪儿？""是吗，哪一片区域？""是地区性住宅？还是像我们一样，住在定制的总统套房？""你住的地方景观如何？"最后，你的回答表明你的处境不及问话的人时，"哦"的一声表示出他兴趣不大，更表示出他非常的不屑。我经常努力不让人以这种方式扰乱我的心神。

我们来看看我（埃利斯）住的纽约，那里的"应该"经也充满艺术感。在一个长岛晚会上，我遇见一个人悄悄对我说乔治（他的邻居）是他们这片住宅的"原"居民。起初我以为他是说"原"居民是好事（就好比乔治是拓荒先祖或"五月花号"上下来的先祖），但他的语气很不屑。于是，我天真地问他是什么意思。他略带吃惊地瞧了我一眼（好像我该知道似的），解释说，"乔治只花了不到时价的 1/4 就跟我们住在同一区域。他实际上不具备跟我们一样的财力。"你能相信吗？这家伙在吹嘘自己花了超过乔治四倍多的钱买同一款房子，而且他买的时候，这房子已有 15 年的房龄了！我应该惊叹他买得起这种房子，而乔治应该觉得自己太不是个东西！经典的"应该"经！

这些都是一些平凡的例子，表明给别人念"应该"经是怎样的不入流。而给我们自己念"应该"经则是过激反应的最坏一种，因为我们把自己弄得很悲惨，并且任由他人他事对我们为所欲为。

第三种类型的神经病想法恰好是另一个极端：**合理化**[○]（rationalization）。合理化就是弱反应。这是对发生的事否认或不当一

○　此处及书中他处的"合理化"是指个体将原本不合理的情理、事物等在内包装成合理的，然后强迫自己接受，这种仅停留在个体内在层面的合理化是有害于我们的身心健康的。

回事的拙劣举动。它们以这种思维形式出现："谁会当回事？""天还没塌呢！""别烦我。"及"那又怎样？"这些都是否认我们有所反应的表现。实际上，它们是骗局，即使用它们，我们就是在欺骗自己！

当我们合理化时，我们不去感觉，只试图否认这些事，即使是对我们自己。比如你正在经历非你所愿的离婚。如果你就当这件事没发生，可能会给自己找一堆理由，就像上面所列举的那样。事实上，你可能会有一些说得过去的感觉（虽然不糟糕、不可怕、不恐怖，你能够忍受），但合理化往往会让你走向另一个极端，不允许产生任何反应。合理化可能在短期内"发挥作用"，但会让你在操纵者面前不堪一击，因为你压根儿没去正面交锋。

父母在对待一个难管教的孩子（比如儿子）时，有时候会走到这一步，他们会这样想，"我受够了。他要自暴自弃我也管不了。我放弃了，他爱怎么毁灭自己的生活就由他吧。我无所谓了。我不管了。"通常，在他们把事情多次恐怖化和应该化后，这种情绪就上来了。经过一天或更多时间的合理化后，他们通常又开始把事情恐怖化，又开始念"应该"经。他们从一个极端走向另一个极端。

还有一些人试图安慰自己，比如他们没得到晋升，他们会想"谁在乎啊？多大的事啊。哈，那是他们的损失。那些混蛋没有慧眼识珠的本事，管我什么事。不管怎么说，我不一定真喜欢这份工作呢。"我们认为他们的断言未免太过了！

有时候，合理化不过是吃不到葡萄就说葡萄酸，不管是对什么合理化，比如没得到晋升、没被录用、求爱遭拒、没有朋友、没有竞选上（如官职、高档俱乐部会员、慈善晚会主席或加油队队长），没有达到理想的金钱水平或人气水平。我们也将恐惧合理化："现在要求加薪不是时候。"或者，"走上前去向那个人自我介绍不合适，旁边人太多。"

我们能够不可思议地将不道德或不得体的行为合理化，然后骗自己接受自己的行为。"在这个班上人人都作弊，所以要想不被抓太容易了。再说，老师很变态，不是什么了不起的大事。"心理学家称这种类型的合理化为认知失调，意思是我们会很出格地给不好的行为贴金或使其合理化。

我们在合理化时，是在软弱地应对问题。即使在非常严重的情况中，我们仍能振振有词。比如，在对要做乳腺癌手术的女性的研究中，研究人员问了一个特别有趣的问题："从你发觉乳房有肿块，到你最后确诊，这之间过了多长时间？"整个研究下来，发现平均时间是 6 个月！有人等了若干年！当被问到为什么要等，她们没有把事情恐怖化。相反，她们十分典型地进行了一番合理化："我不想大惊小怪。""我估摸着如果我不理它，它会自己消失。""我不想疑神疑鬼。""无论如何，我不想知道！"等 6 个月，就是割掉肿瘤，还是切除整个乳房或甚至死亡之间的区别。而我们很轻易地就能把这些贴切地"合理化"了。

再举一个类似的例子：在心脏病突发中幸存下来的男人被问到一系列社会学问题。其中一个回答让研究人员很吃惊。他们问，"你何时意识到心脏病发作了，你采取了什么措施？"他们指望其回答是"拨打 911"（或"打电话给我的妻子 / 我的牧师 / 我的经纪人"）。超过 1/3 的人回答说他们开始拼命地做运动（俯卧撑、开合跳、来回上下楼梯）！这样做能叫人理解吗？当然不能！但如果你自问他们的行为是否是合理化的结果，也许还能让人理解几分。"我不是心脏病发作。绝不是！只是有点气闷，没毛病，动动就好了。"我们一直对心脏病突发抱有警惕的态度，当肋骨下面真出现问题了，我们却矢口否认。

既然这么严重的事情都能让我们欺骗自己，我们当然能将不重要的日常事务合理化。当某人或某事牵着我们的鼻子走时，我们就是不想面对。合理化成功地掩盖了真正操纵我们的人或事。唉，遮遮掩掩起不了作用。回避和否认并不是一个长期的解决办法。回避的问题仍然存在，绝对会再一次浮现出来！

我们现在锁定真正的敌人：三种类型的想法可以让我们在木偶操纵大师面前束手无策（把事情恐怖化、应该化和合理化）。现在我们该考虑如何踢开这些障碍，用别的什么来替代它们。

练习

练习2A　发现那些使我们的感受和行为失当的非理性信条

几乎每一次你受制于人和事时，你总是在ABC's的B处，有意无意地产生十分强烈的非理性信条。在你一生中，你可能一次性地拥有数十个非理性信条，也可能上千次地拥有数十个非理性信条。但这些想法都能放在四大标题下面：①应该化、必须化或要求化（demanding）；②把人或事恐怖化或灾难化；③人身攻击，而不是责备他们的行为；④合理化（弱反应）或顾左右而言他。无论何时你感到极度沮丧愤怒，或行为失调时，你总能找到其中一款或几款非理性看法，并且就像我们后面所展示的，能改变它们，与它们抗争。

寻找你的非理性信条，自问："当我被逼就范时，我正在想什么'应该'经'必须'经？我是不是坚持认为我必须做好，人家必须高看我，条件必须跟我要求的一样？我相信如果事情出了岔，就太糟糕、太可怕、太恐怖，或者我根本无法忍受。我这样想是不是有悖常理？当事情变得十分讨厌时，我寻找借口，然后把它束之高阁、不闻不问，我这是不是在合理化？我是那种'万一……怎么办？'的人吗？想出各种不可能发生的恐怖事件？或许，那些事件真的发生了，我真的能够应对？"

把你失当的感受和行为上的过激反应列一张清单。从上面段落挑一个问题问你自己。最后，记下主要的非理性信条，就是那些很可能导致你变成提线木偶的想法。

练习2A 练习表示例：发现那些使我们的感受和行为失当的非理性信条

失当的感受和行为	导致我们产生失当感受和行为的非理性信条
早上被儿子气得发疯。	他不该一大早就惹麻烦！我受不了！我敢肯定他是故意的，就是为了烦我，这个讨厌鬼！坏透了！
恐慌，对严厉的上司感到愧疚。	我几天前就应该完成那篇报告！我怎么了？我真的不对劲了。好恐怖，我真的搞砸了。天哪，我真蠢！
对考评感到愤怒和抑郁。	竟然出了这种事！但不是我的错！其他人不帮忙，我的上司不理解。这不公平！我就应该辞职！他们是一群混蛋。
拖着不写报告。	我恨死了这份该死的报告。我不应该接手的。再说，其他人都不配合。我手头别的事太多，没法全身心的投入。
与爱人吵架。	他说我最近脾气不好。简直就是一个笨蛋！如果他像我这样整天忍受所有这些垃圾，回家还不省心，他又会好到哪里去！

练习2A 你的练习表：发现那些使我们的感受和行为失当的非理性信条

不恰当的感受和行为	导致我们产生不恰当感受和行为的非理性信条
_____	_____
_____	_____
_____	_____
_____	_____
_____	_____

练习2B 让你的合理化[⊖]和借口作废

有时候，其实并非我们没有接纳促生情绪和行为过激的非理性信条，而是用借口、欺骗、否认和逃避来把它们合理化。通常，这些借口、否认和逃避有那么一丁点真实性（这种真实性是最小限度的，是为了让它们貌似合理所必需的）。然而，事实上它们都是遮遮掩掩的，为了表明我们的行为是恰当的，或表明这都是其他人的错。寻找这些合理化和借口，质疑它们，与它们对抗（随后我们会展示如何去做）。

当你怀疑自己在百般推诿、合理化时，问自己这样的问题："我对失败、心情不佳或避开此状况的解释真是那么回事吗？我有没有恰当地承担责任，或为了避免失败、拒绝或责备而怨天尤人？如果我的确承担了不恰当的感觉或行为的责任，我会因为反应过激而变成坏人吗？我能认可自己的感觉、行为及其后果吗？"

为了查证你是否有合理化的可能性，你不必反复琢磨自己，或为他人负责。寻找你可能有的搪塞借口，强迫自己质疑它们是否真是那么回事儿。

练习2B 练习表示例：让你的合理化和借口作废

可能存在的合理化	对合理化的反制措施
我儿子今早这么跟人过不去也许只是阶段性的，我不要当回事儿就好。	我是否在为他的行为找借口，以便避开跟他打交道？我是否害怕面对他时处理不好吗？
这份报告没那么重要，没人读它。	我是在给自己拖延找借口吧？想装着不知道上司急着要报告吧？
我的考评分数低仅因为我玩不来钩心斗角。跟我干得好坏没关系。不是每个人都能得好评：我是替罪羊。	我是不想为差评负责吧？我是害怕自己做不了那么好，或叫上司失望吧？

⊖ 此处它的明确含义为：将不合理事物合理化的做法。中文未对它的动词、名词属性在词形上做区分。——译者注

| 这是老公自找的。他不为我说话，总是站在他们那边批评我。 | 我是否认为跟他吵架有道理？我不想承认他的批评有道理？他的行为真的值得我如此反应过激吗？ |

练习2B　你的练习表：让你的合理化做法和借口作废

可能存在的合理化做法	对它们进行反制

练习2C　对你的合理化和借口进行反制

　　正如你跟自己说合理化及找借口是没有用的，你也可以琢磨出采取对抗行动的办法，迫使自己行动起来。这样的话，当你进行理性化处理时，你这样做通常只是为了避免不恰当的或冒险的行动。想清楚究竟回避的是什么，敦促自己正视它，采取对抗行动，不管自己在感觉上有多么的不舒服。下面就是帮助你计划和行动的样本工作表。

练习2C　练习表示例：对你的合理化做法及借口进行反制

可能存在的合理化	反制合理化做法的举措
我儿子今早这么跟人过不去也许只是阶段性的，我不要当回事儿就行。	找到我的儿子，让他知道我对他的期望，并且为什么会有这些期望。听他解释但坚持自己的要求，说明不达到要求会有什么后果产生。

这份报告没那么重要，没人读它。

问问上司这份报告真正有多重要。把它完成。

我的考评分数低仅因为我玩不来钩心斗角。跟我干得好坏没关系。不是每个人都能得好评：我是替罪羊。

向办公室里我信任的人询问他们对我工作的看法，跟上司谈具体需要改进的部分，哪部分不尽人意以及他对好评的期望值。给上司交一份行动计划，表明我打算如何改进。

这是老公自找的。他不为我说话，总是站在他们那一边批评我。

对吵架中我的行为负责（告诉他我可能错了），讨论（不是争论）我希望得到更多的支持。

练习2C　你的练习表：对你的合理化做法和借口进行反制

可能的合理化做法	对它们进行反制

第3章

用更佳之选[⊖]强力替代把我们
心情弄糟的疯狂念头

把事情恐怖化、应该化和合理化是三大逼我们就范的主要方式，它们不仅使我们无法有效应对困难局面，而且还将我们搞得很狼狈。到目前为止，你可能已猜到我们从这本书中概括出来的主要抗被动挨打的策略：实际上不是人和事把我们耍得团团转。似乎是这些人和事本身控制了我们，但事实上是我们对这些人和事的思考和反应决定了我们的心情好坏，决定了我们对具体情况做出的反应。我们自己成了始作俑者！不过，我们也可以学会不被牵着鼻子走！

所幸的是，在 B 处当某人某事正在或将要牵着我们鼻子走的时候，我们有第四种类型的思考。这种类型理解容易，做起来难（尤其是当有人让你心烦意乱的时候）。我们来告诉你如何去做，但真正能做到则需要练习、练习、再练习。因为在每一种状况中，我们都或多

⊖ 对应英文为"realistic preference"，此种译法是为前后参照，以便读者更好地理解原文真义。——译者注

或少地在思考，所以这种抗被动挨打的练习无须花费大量额外的时间。我们会告诉你如何系统化地选择思考，而不是过去那种任其自然地想。

第四种类型的思考，以更佳之选形式出现。最有效的是（比如）："我想要……""我宁可要……""我更喜欢……""如果……就更好了"。听上去都很简单，是不是？让我们来告诉你它们的能量有多大。

就从我们的亲身经历开始吧，因为我们也从未中断过使用这些技巧。在职业生涯中，迄今为止我（阿瑟·兰格）已从容不迫地做了大约 5 000 次演讲。但第一次做演讲时，我紧张死了。要在几百人面前演讲，我开始进行恐怖化的胡思乱想："万一我讲得很糟糕怎么办？万一大家听不下去开始互相聊天怎么办？万一听众的问题我答不出来怎么办？万一没人来怎么办？万一他们都来了怎么办⊖？万一我无话可说了怎么办⊖？万一中场休息除第一排的人外其他人都走了怎么办？第一排没走仅因为他们没看见自己背后的人已走了，这又如何是好？

于是，我开始给自己念"应该"经："我应该能做公共演讲。我是成年人，不应该为这种事烦恼。我连这种事都做不来，那妈妈就说对了，我是一个笨蛋：我会一事无成的！"

我甚至偷偷地用合理化来掩饰我的恐怖化处理和我的"应该"经："那又怎样？谁在乎？好像多大的事似的！如果听众不喜欢我的演讲，我也不会在乎。他们不会欣赏，那是他们的问题！"

幸运的是，我对自己所倡导的，很快身体力行地执行起来。每一次我发觉自己在把事情恐怖化、应该化和合理化时，我就一遍又一遍地用更佳之选来替代："我希望这群人喜欢我，对我所说的评价很高。如果不行，那就是我不走运。除非我把这件事看成是恐怖事件，不然的话，并不恐怖。我想干好，我会尽力，但如果没干好，也不是什么可

⊖　最后两个"万一"特别值得注意，因为如果他们来或没来，我都会很痛苦。A(诱
　　发事件)是什么不重要，重要的是我们如何看待，这大致决定了我们如何应对。

怕和恐怖的事。我会遗憾，会失望，会认真地当回事儿来看，但也会专注地去发现有待改进的地方。我喜欢漂亮地回答问题，但如果做不到，我也可以在不给自己念'应该'经的情况下处理事情。"靠给自己输入这些更佳之选，我能对正在产生的白痴念头发起攻击，并用切实可行的想法来替代。我不用积极乐观的认定来说服自己会做得很好，而是直接深入焦虑实质：我应该干好，这群听众应该喜欢我的想法。更佳之选都只是"想要"，而不是"不得不"，也不是"应该如何"。

关键是如果你把事情恐怖化、应该化或合理化，你会变得极度焦虑紧张，很可能真的把演讲搞砸了。但如果你只专注自己的喜好倾向（"我想把它做好，但不是非做好不可！"），在演讲之前，你会用心，假使搞砸了，你会失望，但你没有让演讲牵着你的鼻子走。就我的第一次演讲来说，在演讲之前和演讲期间，我的焦虑感都得到了大幅降低。

我仍然有点紧张，但无妨。我做了报告，效果不错。我真的发现有些方面（如果改进的话）在下一次能讲得更好，这个情况表明我既能客观地评估自己的努力，又能从中学习。如果我沉溺于把事情恐怖化或应该化，我根本做不到这些。

不要走极端说服自己不在乎做得好不好。（"做砸了我也不在乎。我不会难过的。"）这样想就是合理化，就是设一个骗局。专注更佳之选处在两个危险极端（恐怖化和应该化相对于合理化）的中间，能帮助你拥有健康、适度的感觉，而以前你可能反应过激。

重要的是，更佳之选并不是人们时时提倡的典型的"积极念头"。更佳之选不是表明你能够或一定会成功，例如你能游刃自如地应对局面，最终一切都会好起来。更佳之选是说试一试也无妨，即使你会失败、被拒绝，诸如此类。

假如最坏的事真发生了，你也不能无动于衷（这是合理化），而是能够着手应对。不管你致力于再次尝试还是另辟蹊径，都不会乱了阵脚。失败、被拒绝已够糟糕了，你还想为此而痛苦不堪吗？你选择如何想，决定了你如何应对操纵你的人、事和局面。

朝更佳之选的方面想，而不是朝要求方面想，这个理念非常容易理解，但不要骗自己。这点做起来难，特别是当某人某事牵着你的鼻子走的时候。这要经过艰苦不懈的努力，但回报是惊人的！

认识和鉴别恐怖化、应该化、合理化及更佳之选各自之力量的最佳办法是看你应对其中某一个时相应的行为表现如下。下面就是我们作者在美国各地及他国工作室搜罗来的典型的操纵局面。在每个操纵局面里，我们都将展示恐怖化、应该化、合理化及更佳之选的例子。在每一种具体情形中，你也会做出许多其他方式的反应，但我们选择的实例可以显示你的思考是如何导致完全不同行为的。（我们讲到思考，指的是没有浮出表面的隐含的头脑活动，但这却构成了我们的思考基础。这些头脑活动能够表明是什么叫你心烦意乱。）

天哪，千万不要是蒂姆

你 15 岁的儿子蒂姆最近很"不对劲"。他更加"内向"，特别爱发脾气。他看上去疲倦、注意力不集中。这其实对任何青春期少年来说都是正常表现。但接着，你在他房里发现了大麻和可卡因。他先否认是属于他的，然后勃然大怒，声称他做什么与你无关，而且人人都这么做。

可能出现的恐怖化做法

"万一他在我们的鼻子底下一直这样做呢？万一他已经上瘾了呢？万一他把这玩意儿卖给别人了呢？万一他拒绝停下来呢？万一他

离家出走呢？万一他偷盗或更糟糕的，抢钱买毒品呢？万一我们没做好父母呢？万一他已给自己造成了永久的伤害呢？"（这太可怕了！我绝对受不了！）

可能念给他人的"应该"经

"他是家庭的耻辱！他怎么敢这样做？我们为他做了那么多，他就这样报答我们？他们应该让他进监狱，丢掉钥匙。他不仅被我们当场抓获，而且还不认账，他甚至为自己的谎言辩护！应该给他一个教训，一个好的教训！（他不应该这样做，他应该受罚，他不应该撒谎或为自己的谎言辩护！）

可能念给自己的"应该"经

"我们应该把他盯牢一些。我们一定是可怕的父母！我们不应该两个人都上班。我们太忽视对孩子的教育了。我们叫他失望了。"（我们应该感到惭愧。）

将事情恐怖化和应该化后，可能会……

对蒂姆谴责加威胁，大吵一架。"你叫人感到厌恶！你看你，一个瘾君子！你脑袋里究竟装着什么，还是什么都没装？能信任你做哪怕一件正确的事吗？你骗我们多久了？你怎么可以对我们做出这种事？我们什么都给了你！你要为这个付出代价的！我们现在就把你送警察，我们脑袋清楚得很！你从哪儿搞到钱买这些垃圾的？从我们这儿？我们甚至都不想看见你！别让我再看到你！"

可能出现的合理化做法

"这不像他。他是一个好孩子。有人把他变成这样。应该是他的新朋友。我就知道有些地方不对劲。现在我们该怎么做，让他不再跟那些坏朋友玩？他们到处都是。我肯定他并不比其他孩子表现差。"

将事情合理化后，可能会……

骂他不该有毒品，责怪他的朋友，不让他的朋友进门。警告他，如果你再见到这种东西，有他好看的。忧心忡忡。

实际上我们可能会这样想可能的更佳之选（realistic preference）⊖

"我对这件事及其关注。他涉足毒品叫我感到震惊。我完全可能大发雷霆，但如果我这样做，我就成了问题的一部分。我想就此事跟蒂姆谈谈，看他陷得有多深。我决心不做无用功。我没必要反应过激。我可以严肃对待，但不发脾气。我想让他知道我绝对不赞成他的行为，我恨他的行为，但不恨他，我非常关心他。我想要他理解吸毒是很严重很危险的事。我想要他马上停止。"

考虑到更佳之选后，可能会……

你可以这样跟儿子说："这是非常严重的问题，我要跟你好好谈谈。你好坏不分，我感到非常遗憾，但我真正想知道的是，你吸毒有多严重。我想要你知道即使我谴责你的行为，我仍然爱你。我想在这件事情上帮上你的忙。"

跟他谈，他为什么吸毒，吸毒的次数，你准备如何做来帮他戒掉。谈完后，对他的行为进行惩罚不为过。惩罚的力度在个案里涉及诸多不同因素，因而没有一定之规。但力度大的惩罚是合适的，了解这点很重要。父母可以对他宠爱、悉心照料和关心，但也是对不正当行为施以正当惩罚的严格之人。

⊖ 此处亦可译为"实际偏好"，但优先"更佳之选"，以方便读者理解。——译者注

亲爱的，现在不行

你感到非常浪漫，事实上情欲勃发。你看向你的爱人，扬了一下眉，挪到她身边，开始亲吻她，抚摸她。你感到自己在挑逗她。但她不像你喜欢的那样做出回应。（可能她一直就是如此，或者她此时此刻没回应。）

可能出现的恐怖化做法

"也许她只是对我没欲望。万一她认为我是一个糟糕的情人怎么办？也许我满足不了她。（太可怕了！太恐怖了！）万一她是为某事报复我怎么办？万一她真的对性生活不感兴趣了怎么办？这太糟糕了！"

可能出现的应该化做法

"她在想什么？每一次我感觉上来了，她却没兴趣。她多半从来没喜欢过性生活。我需要有性欲的人，因为这才会让我更加兴奋。但她，她只是一块湿洗碗布。管她呢，性冷淡！她太保守，都不知道如何享受性生活（她应该知道的）。我知道她要什么！"

将事情恐怖化和应该化后，可能会……

"这一次你到底怎么了？头痛？你知道吗，你就是叫人不痛快！我来兴致了，都这么主动了，你又做了什么？无动于衷！就知道躺在那儿。你叫我兴致全无。你是怎么回事儿，不愿意再做那事儿了？你有没有喜欢过？"（接着，冲出去，睡在沙发上，愠怒了好几天，跟狐朋狗党出去玩。）

可能出现的合理化做法

"哦，也许她累了。最近我们都很忙。也许我做错了什么。我希望她不会生我的气。性生活不代表一切，也许她很快就会摆脱这种状况。我们都有情绪不好的时候。我最好闭口不谈，省得她真的生气了。"

将事情合理化后，可能会……

翻个身，一言不发，躺着不睡，琢磨这到底是怎么回事儿。第二天，装着什么都没发生。

可能有的更佳之选

"我想要她比现在反应更积极一些，但她不一定非要如此不可。我感到失望，但她没反应也并不恐怖。也许是我的问题，也许是她的问题。别急着下结论，别当成是对我男子气概的侮辱，不要攻击她，我可以问她出什么事了。"

考虑到更佳之选之后，可能会……

诚挚而关切地问她到底出了什么事。如果她回答诚实，你们就有可能进行一段健康的谈话。如果她不想谈，或找一些拙劣的借口（与正当的理由正好相反），有两方面值得你关注并探讨一番：①你们的"性趣"不同；②她不愿意讨论这个问题。这两点都很重要，但你最好先处理第二点。继续讨论想回避的问题是很困难的事，你需要有理性的思考，而不是把事情恐怖化、应该化或合理化来掩盖，以达到不吵架的目的，或干脆撒手不管。假如你试图把话说开，而她心防甚重，不要放弃或变得恶声恶气。如果你没有常常认真地努力一番，只是说"我试过了"，这是不够的。你在这种情况下的思考影响你说出

来的话和你的说话方式。而这又影响你爱人的反应。关注你的更佳之
选并从这里着手处理。

有办法开飞机吗

你约了早上 9：45 的门诊，检查流感病毒。你准时到了，坐在嘈
杂的候诊室（与其他三个医生合用的）里等了一小时，这期间，排在
你后面的人早已进去并出来、离去。你到前台去问，接待员冷淡地解
释说"医生"总是在每个时间段预约两人，因为"有时候"有人会失
约。今天每个人都来了。等你终于进去时，医生花了三分钟确诊你已
知道的事，并证明"最近城里一直在流行"。他写了一张 40 美元的
抗生素处方（他说多半也不太可能杀死病毒），向你要了 55 美元的门
诊费。你一出去就必须付费，并且耽误不得。

可能出现的恐怖化做法

在候诊室："他们忘了跟我预约的事怎么办？万一他们让别人插
在我前面怎么办？万一我的医生甚至根本不在这儿怎么办？万一我要
等一上午怎么办？"（太可怕了！我恨这些地方！我无法忍受他们的待
人方式！）

可能出现的应该化做法

门诊后："谁会喜欢白花 55 美元！我来告诉你，这太过分了！这
是违法的。该有人出面干涉！不应该等上一个多小时才能看门诊。不
应该允许医生超额预订。我们病人就像羔羊一样，他们说什么就是什
么。我们把医生当上帝了。我认为是可忍，孰不可忍！他好意思把一
个诊所办成这样，还搜刮病人的钱。但他们才不在乎呢，一个个都掉

到钱眼里去了。马库斯·韦尔比究竟是怎么了？我应该去跟那个医生
讨个说法！"

将事情恐怖化和应该化后，可能会……

朝护士或接待员发难（特别是这之前她一副事不关己的样子）：
"真不知道你们这样开诊所怎么留得住病人。我为三分钟的屁话等了
一个多小时。这也值 55 美元？我当然不觉得。这是漫天要价！你们
关心的只是钱。对病人的关怀都到哪去了？你看好了，这是我最后一
次来这儿！也许如果有足够的人不糊涂，他们绝不会容忍这种不专业
的做法。"（接着怒气冲冲地离开。）

可能出现的合理化做法

"也许医生有急诊。有些病人用的时间确实比别人多。我想他们
应该了解是否已预订满了。开这种诊所肯定要花不少钱。如果我是医
生，我恐怕也会做同样的事。我只是赶得不巧，真倒霉。"

将事情合理化后，可能就会……

等啊，等啊，等啊。即使去问什么时候轮到你，你也是怯生生
地问，好像不好意思打扰接待员似的。过后不多一句嘴，只是付钱走
人。（接着，逢人就发一通牢骚。）

可能的更佳之选

"我想准时进去看病，但犯不上气得七窍生烟。真有急诊的话，
我能理解，但现在不是这种情况，我想要做点什么改变这里的制度。
我要告诉他们我对他们的预约规定、拖延和收费制度不满。发生这种
事并不可怕恐怖，但确实给人带来不便。我要让他们知道这点。"

考虑到更佳之选后，可能会……

对接待员和医生坚定（但不咄咄逼人）地表示你正当的不满："当你预订一次两人时，两人都来了，长时间的拖延和时间的浪费给病人，当然也包括我自己带来极大的不便，叫人很头疼。""我只见了医生3分钟，花了55美元，我觉得这种收费标准不合理。我希望你们对短时间、不复杂的门诊降低费用。"

取决于你得到的回应，你也许可以要求一个单人预订，或选择找别的医生（如果你能找到不这样做的医生的话）。这种反应与你恐怖化和应该化后的反应相比，区别在于你依然冷静自信、不失态。当你把这种情形恐怖化和应该化时，当时是一吐为快、感觉不错，但你毫无必要地让局面操控了你，它已经影响到了你。

凶上司

你每天都刻苦工作，总是愿意付出额外努力，比如多做一点来把事情做完。但你的上司很少赞赏你，也不承认你的额外努力。相反，他挑毛病快得很，不了解全部情况下不留情面地批评人，而且还乐得给你的工作加码。你喜欢你的工作，但也架不住只有苛责和冷漠，没有肯定和赞赏呀。

可能出现的恐怖化做法

"万一我的工作表现只是很平庸怎么办？万一我只是埋头苦干得不到任何回报怎么办？万一他根本不关心或这样做只是针对我怎么办？我这么卖力地干活，却得不到任何赞赏，真是气死我了。我不是机器。他为什么就不能偶尔用好评来平衡一下批评呢？"

可能出现的应该化做法

"我的上司怎么这么差劲！他应该明白这样一个简单事实，要想人们不懈地努力工作，需要不时地给他们鼓励。我呕心沥血地把工作做好，只落得这也不是，那也不是，我这是图什么？他应该懂得人的心理，这个讨厌的家伙！我应该辞职，让他吃瘪！这样他才会意识到我所做的一切。我应该勇敢地面对那个可恶的家伙，给他一顿臭骂，我不想再做胆小鬼！"

将事情恐怖化和应该化后，可能会……

放慢工作节奏、愠怒，对你的上司不再那么积极配合，说话冷嘲热讽，暗含抱怨，在其他事情上跟他针尖对麦芒，向他人抱怨，他离开办公室时在他身后做鬼脸。

可能出现的合理化做法

"天下乌鸦一般黑。上司都是这副德行。也许我更努力一点，他会注意到我的努力。多半不会。我只要把工作做完，拿了工资，然后走人，但别想要额外的什么。我已不在乎。见鬼去吧。"

将事情合理化后，可能会……

沉默寡言，士气低落，工作效率不高但瞒着别人，什么也不说。

可能的更佳之选

我想要上司更加赏识我的努力，但并不意味着他该如此。我既喜欢听他说好话，也喜欢他的批评指正。我想要他尊重我的工作，并让我知道这一点。如果他一点都不改进，我表示遗憾。我很关注这些，而且我有义务对这点做些什么，包括跟他谈谈，不发牢骚、放下心防、不说难听的话。

考虑到更佳之选后，可能会……

保持你的骄傲和热情，保持高水平的努力和表现，从能够互相承认和欣赏的同事那里寻求支持。以适当的态度请上司对你的努力除了中肯的批评外给予一些褒奖。不管上司有没有改进他的领导作风，你一如既往地游刃自如地处理事情——不要让他来烦你。

你行为的不同完全取决于你如何看待自己的处境，你注意到了吗？就这本书而言，我们教导和训练这些技巧加起来已有 56 年时间，我们仍然为上佳的结果而惊叹。如果你使用这些技巧，你可以靠指导和控制你在 B 处的想法来指导和控制你在某种情形中的感觉和行动。这不容易做到，需要大量的练习，但太值了！

练习

练习3A 更佳之选

无论何时，只要你能积极灵动地（而不是刻板地）坚持去做更佳之选，那么，别人要想牵动操纵你的情绪就不那么容易了。因为现实的喜好、希望或愿望总是有一个或公开的或隐含的"但是"。是的，不管你的喜好有多强烈！当你只跟自己说："我想要我的上司和同事对我好。"你的言下之意便是："但他不一定非要如此。假如那个人待我不好，我也死不了。我还是能把事情处理好。"

无论何时，只要你感到心烦意乱并因此被人或事所操控，就假定你内心既有一个恰当的现实喜好倾向，也有一个失当的、对你颐指气使的必须、应该或不得不。你就应坚持找到后者，并与其抗争，把它变回仅仅是一种愿望或一种喜好倾向。

以下是把"应该、必须……"变成更佳之选的例子。

练习3A　练习表示例：更佳之选

我最近应该 / 必须……	我可以用来替代"应该 / 必须……"的更佳之选
我儿子最近的表现也许只是阶段性的，我应该不去理会他今早表现出来的不听话。	我想要我的儿子今早听话。我要坚定地跟他谈谈，不发脾气。
这份报告没那么重要。没人读它。我不应该非做不可！	我是不喜欢写这份报告，但上司要它。我想说服上司放弃这份报告，说服不了，我就及时完成。
我的考评低仅因为我不像其他人那样擅长钩心斗角，跟工作好坏无关。不是每个人都能得好评。我只是替罪羊——不应该是我呀！	我想相信我考评低只是缺乏政治手腕。但假使我向信任的人和上司讨教具体的反馈意见并致力于改进不更好吗？
我老公自找的。他一点不支持我。他总是站在他们一边跟我作对。他不应该这么苛责我！	我要老公别老说我的不是，多支持我一点，但我犯不上为这一点跟他干仗。我更愿意放下心防跟他探讨。

练习3A　你的练习表：更佳之选

我最近应该 / 必须……	我可以用来替代"应该 / 必须……"的更佳之选

_____   _____

_____   _____

_____   _____

_____   _____

练习3B　用合理情绪想象技术[⊖]来建构更佳之选

合理情绪想象技术（rational-emotive imagery，REI）是小马克西－C. 莫尔茨比在 1971 年创造的。在我们的版本里，你只要想象发生在你身上的最坏的事，比如重要项目失败，遭到上司或主管的猛烈抨击，自己感到心烦意乱、无所适从（极度焦虑、愤怒、抑郁或愧疚），接触这种情绪，真正地去经历它。然后，拼命努力把这种感觉化解为很恰当或更可欲的（desired）情绪，如非常失望和遗憾，但不是焦虑或抑郁。

当你想象不幸的事发生在你身上（在 A 处）时，你总能把不恰当的负面情绪转变为恰当的负面情绪（在 C 处）。你创造和控制自己的感觉。为了让自己焦虑或抑郁，你告诉自己诸如"我决不能败在这个项目上！他们不能批评我！这是灾难。我完了。我是一个失败者！他们知道这点！"因此，为了给自己创造（是的，就是创造）出恰当的失望或遗憾的心情，你可以把要求变成偏好，例如"我想在这个项目上取得成功，想让我的上司或主管高看我，但如果我失手了，被拒绝了，我的生活还在继续。尽管出了这起不幸的事件，我还是可以处理好，我还是可以积极地投入我的工作。"如果你优先朝这个方向思索，并真正相信你告诉自己的一切，你几乎总能产生适度的情绪。如果你每天重复这种合理情绪想象技术，坚持约一个月，你就会自动地选择更可欲的情绪，而不是患上强迫症般的情绪化，尤其是当你想到不利的诱发性事件（A）或真正遭遇这些事件时。

为了运用合理情绪想象技术，你可以参考以下的样本练习表并填写你自己的表格。

⊖　原文为"rational-emotive imagery"，此处亦可采用"情绪理性化意象法"的译法，意指将情绪通过理性的能量来整合、管控，以获得可以使我们的感受和行为回归恰当水平的自我管理技术。

练习3B 练习表示例：使用合理情绪想象技术来构建更佳之选

被生动想象出来的不幸事件	因生动想象此事而产生的过激情绪反应	值得要的替代感受	我能拿来制造值得要的感受的想法
早上当我们准备上学上班时，儿子不听话。	暴怒，发疯。	挫败感，非常关注。	我想要他听话，但他真不听也不值得我发脾气。最好是冷静、坚定地跟他谈谈。我可以不吵架把这件事摆平。
报告还未给上司准备好。	过度焦虑和戒备。	失望，保证把报告完成。	最好按时完成报告。我没做到，不强词夺理，而是要接下及时完成报告的担子。我能接受并处理好上司的反感。
考评分数低。	震惊，不相信，极度焦虑。	非常关注并接受。	我是想得到好评，但我没有，不过我可以不找借口，处之泰然。我想要知道我能做些什么改进工作并朝这方面努力。
一整天不顺心，还跟老公吵架。	受够了，易怒。	感到无可奈何和遗憾。	我想要老公支持我，可以就这一点跟他谈，不发脾气。我们可以更亲密一点，即使他没有做出我想看到的反应。我可以就吵架一事向他认错。

练习3B　你的练习表：使用合理情绪想象技术来构建更佳之选

被你生动想象出来的不幸事件	因生动想象此事而产生的过激情绪反应	值得要的替代感受	我能拿来哪些制造值得要的感受
_____	_____	_____	_____
_____	_____	_____	_____
_____	_____	_____	_____
_____	_____	_____	_____
_____	_____	_____	_____
_____	_____	_____	_____
_____	_____	_____	_____

第4章

让自己毫无必要地成为提线 木偶的10种疯狂信条

1956 年，我（埃利斯）鉴别出 10 种神经病想法，它们在具体情况中让我们自作自受。数量不少，前四种想法是导致我们对人和事反应过激的主要因素。这些愚蠢想法常被我们用来把具体情况恐怖化、应该化和合理化。它们是我们每个人或多或少都携带的潜在疯狂的基础。我们将告诉你鉴别这些非理性的想法，弄清楚它们如何在具体情形中影响你的反应，最重要的是，如何阻止它们给你的过激反应火上浇油。

人们用来恐怖化、应该化和合理化的第一种神经病想法如下所述。

非理性信条 1：太在乎别人怎么看待你。太在乎导致对拒绝的强烈恐惧。潜在的想法诸如"我决不能让生活中我看重的人（亲戚、朋友、上司、同事、老师等）嫌弃，因为，如果真有这事，就太可怕了，我受不了。"现在没有多少人会说，"是啊，我不知有多少回都是这样想的！"我们一般不会把那些话想得那么具体，但这是潜在的普遍想法，其体现形式就是在我们生活中遇上具体的人或事时，我们就把一切恐怖化、应该化和合理化。

如果你持有这种非理性的信条，你的行为就会轻易落入两大功能失调的范畴。第一种是，你会四处讨好每个人，避免冲突，想办法让人家喜欢你，即使这意味着忽视你自己的需要和心理。《全家福》里面阿奇的妻子伊迪丝·邦克就是一个很好的例子。她喜欢围着丈夫转，到了令人发晕的地步。她拼命讨好："哦，别再说这些了——阿奇马上要回来了，他会不高兴的。""别坐那张椅子，那是阿奇的椅子。""我们晚饭也吃这个，因为阿奇喜欢。"

很少有人一边闲逛一边想："我太在乎别人怎么看待我。"但在具体情况中，比如上司当着你同事的面批评你，或在会议上你被问住了，或你被爱人拒绝了，或你遇见新人，或在第一次约会上，你会立即对别人如何看待你过分在乎。

许多人耗费大量精力去博取他人的喜欢、尊重。他们避免发表可能会产生争议的意见，竭力投其所好。他们像变色龙改变颜色一样改变自己的立场，并且"随波逐流"。私生活上，他们担心自己不被人喜欢、不被人爱、不够受欢迎、不被人接受、不吸引人、不出彩，也担心自己比不上别人。我们有时候称他们"过度敏感"或"脸皮太薄"。

这并不是说你不必理会别人怎么看你。这又是合理化。一点也不在乎是一个骗局，几乎是反社会倾向。然而我们看到的这种情况太多了：夫妻二人中如果有一个说出口来，或在某些问题上坚持自己的立场，或表达跟对方相反的倾向性时，都特别害怕对方对自己有意见。我们还看到父母把孩子惯坏了，因为妈妈和爸爸害怕如果他们态度坚定或说一个"不"字，孩子会不高兴。（这些顽童到了 30 岁，父母仍然这样对待他们。）我们看到销售员操纵顾客买他们买不起的昂贵物品，因为销售员暗示顾客买不起，而顾客偏要证明自己买得起。我们看到人们负债累累，就为了用优裕生活的装备如车、房、家具、服饰、水疗等让他人惊艳一把。这些人都让某人或某事成了木偶操纵大师。还有一些人在晚会和其他社交活动中凄凉地（但安全地）缩在角落里，因为他们害怕万一跟人说话被拒绝了怎么办，或害怕出洋相。这些倒霉蛋说自己有"害羞"问题。有些"专家"说这种人是"自卑"，似乎这也说得通，但只是描述了这种情状。原因主要是过于担心别人对你的看法，你就把情形恐怖化、应该化和合理化。你可以改变那种想法。

工作上有点不同，但问题基本上是一样的。通常你不在乎工作上是否人人都喜欢你。想法不错，但这只是浅表的想法。你没必要非在周末跟同事或上司打保龄球、吃饭、看戏。然而，在工作上，许多人太在乎自己的形象，太在乎别人如何看待自己。正如罗德尼·丹洋菲尔德所说的，"我一点也得不到尊重！"在我们与单位合办的训练工作室里，可以看到人们因为没有从同事或老板那里得到足够的表扬而心里不痛快。我们看到经理尽管有好主意，但在例会上一声不吭，因为他们生怕被批评、被嘲笑或被责备。我们看到下属由着上司侮辱性地对待他们，或给他们堆积如山的工作，还不敢多一句嘴，因为那会让上司生气。于是，他们辞职离去，而那个感觉迟钝的上司竟然从不知道究竟是为什么。有人太担心上司会怎么看，以至于没了自己的主见。他们不越雷池，成为"是，老总"的复制品，以此来掩护自己。或者，他们花更多的时间靠玩弄权术来得到承认。有人在每一次会议、每一个眼神、每一种语气、每一个决定里看见的都是压服和冒犯。他们常常觉得自己是受害者，为自己感到很不值。形象成为比内涵更重要的东西。

人们还有第二种方法应付对拒绝的惧怕。这跟过度担心别人对你的看法正好相反，但准确地说是一回事。我们认为伊迪丝是邦克家那个过度担心或缺乏安全感的，那阿奇呢？他只是躲在墙的后面（或沙坑地堡里面），每一次有人质疑他或不同意他的观点时，他就对人狂轰滥炸："掐死你自己好了，什么馊主意！"以及"喂，猪脑子，这又是你书里的愚蠢观点？"在阿奇看来，针对被拒绝的最好的自卫是主动攻击：先发制人。

有些攻击者用不动声色来掩盖他们的缺乏安全感。对反对他们的人，他们悄悄地表示不赞同，保持优越感和距离，说三道四，连讽带刺，指桑骂槐或居高临下。他们跟任何人都是君子之交淡如水，距离甚至更远。他们的目标是让别人失衡，这样才能护住他们一碰就碎的自我。他们同样害怕别人对他们的看法，但他们藏在墙后面。这种防备类型中的另一种只是缩进壳里。他们不攻击，只是躲进沙坑、地堡里，不让任何人靠近。他们疏离而冷漠。他们没有什么朋友，有时候让自己相信，他们喜欢孤独。

不去把别人对你的看法恐怖化、应该化和合理化，而是教会自己朝更佳之选的方面想。"我想要别人喜欢我，特别是我在乎的人。如果真喜欢我，那就太好了！如果不喜欢，我很遗憾，真倒霉。我真的很关注，决心尽我所能地（尽我愿意做的去做）去改善他们的反应。如果我做不了什么，或者我选择什么都不做，那我就接受这些人不喜欢我或不尊重我。我仍然对自己的行为负责，我不会拿那一点做借口，说'那是你的问题，不是我的。'这样就是合理化了。"

你的更佳之选（只说给自己听的）也可以是这样的："我希望你喜欢并尊重我，但你做不到，这也不可怕或恐怖，我能忍受。我很关注，因为我看重我们的关系，我决心尽力修好这种关系。但我不想为了得到你的青睐、喜欢、爱或尊重而把自己弄得很悲催。如果我遭到拒绝，我就面临两个选择：①我接受你不喜欢、不爱或不尊重我；
②我可以放弃这段关系或找到能满足我要求的关系。"

在整本书里，我们都反对你必须得到他人青睐、喜欢、爱或尊重
的疯狂念头。给他人如此多的权力和重要性——对这种倾向性挑战成
功的话，你就已经踏上不受制于人或事的漫漫征途了。

我（埃利斯）已在1956年芝加哥全美心理学协会的年会上描述
了第二种神经病想法，该想法也导致对失败的过度恐惧：

非理性信条2："我决不能在重要任务上失败（生意上、学业、
体育项目、性生活、关系等），否则太可怕了，我无法忍受。"简单地
说，对搞砸了太忧心忡忡。如果你让自己相信在任何重大事件中都输
不起，你就会陷入可能失败的局面中。你要么不惜代价避开这个局
面，要么，如果逃不掉，就印证了你的预言，你肯定输。到时候你肯
定不会比现在思路更清晰！

有一些害怕失败的极端例子：许多富翁在大萧条时期自杀。从未
败过的运动员输得很惨，偏离了路线，从桥上跳下去。才华横溢的中
学生离4.0平均绩点就差一点点，本科生没考上医学院，他们都时不
时地去自杀。政客卷入丑闻或争议之中，染上严重的退行性疾病。

当然，这些都是极端的例子，不直接触及我们自己的生活，但这
种事屡见不鲜。我们的过度焦虑更有可能出现在像面试、遇见新人、
结束恋情、会上发言或做不擅长的事时。

害怕失败常导致不敢冒险、停滞不前，最后导致庸庸碌碌。有
时候我们太墨守成规，拒绝用新颖或不同的方式思考、行动。我们看
上去似乎只是为人拘谨平凡一些，但常常是因为过度害怕尝试新生事
物，害怕不成功，害怕形象遭到破坏。完美主义者是真正的极端主义
者。他们真的相信自己必须在所做的任何事上完美无缺。这种计算错
误导致他们不是放弃尝试，就是完不成事情，因为"做得不够好"。

他们往往手头有若干未完成的项目。

害怕失败甚至阻止你去考虑新的可能性、新思想、令人好奇的人或事、方向、目标和创新。如果你思考这些东西，你当然不得不面对你失败的可能性。你自然不会去谈论它们，死了这条心吧，你肯定不会去努力追求！当你失败时，被击败的最惨部分不是失败本身，而是你从未尝试过许多事情，你从未欣赏过那么多有趣的经历。出类拔萃的人早就意识到他们从失败中学到的与从成功中学到的一样多或者更多。

不畏失败的最好例子是已故的理查德·费曼。他不完全是一个家喻户晓的人物，但他得过诺贝尔物理学奖，是"挑战者号"航天飞机的事故调查组成员。不错吧！但关键是他的态度（几乎是生活哲理）给人以深刻印象。他什么都尝试，好奇心从未餍足过。除了物理学上的专长之外，他还是个艺术家，在巴西演奏街头音乐，还成了专家级撬保险箱的人！他只相信，尝试做他没有把握的事就是好事。他愿意尝试，并可能失败。他从未想过避开他不擅长的事。

有人曾经说，"如果你每一次开枪都射中靶心，说明你站得太近了！"超越我们已知自己能做的事，这其中有时候会包括失败。没关系！一首伟大的诗表述了这点。

> 有时这叫我疑惑——
> 是我，还是他人疯了？
> ——阿尔伯特·爱因斯坦

就连爱因斯坦都想知道，自己挑战同僚认可的重力基本理论是不是疯了，因为他是要解释无法解释的东西。感谢上帝，他不害怕失败！感谢上帝，他没有被别人牵着鼻子走，没有由此而因害怕被排斥，放弃自己的立场。

另一个过度害怕失败的结果是无法忍受批评。有些人对任何事都有借口、都振振有词、百般抵赖、反唇相讥。他们让别人掌控了自己，因为他们无法忍受出错的可能性。他们会不依不饶地计较一些鸡毛蒜皮的小事（食物偏好、关于电视节目的看法、如何修缮一扇吱吱嘎嘎的门），或计较一些相对重要的事（业务决定、购房、饮酒习惯）。他们在这些方面百般维护自己，是基于避免可能有错或失败的考虑。请相信这点，完全接受不了自己有错或失败，会使你完全受制于人。

我们将人或事恐怖化、应该化和合理化的第三种神经病想法通常是低耐挫性。情形会是这样：

非理性信条 3："人和事都应该总是朝我要他们去的方向发展，如果不是，那就太糟糕、太可怕、太恐怖了，我无法忍受！"有些人整天跟自己用这种口吻说话："当他总是……时，我真受不了，"或"当……时，我会疯掉的，"或"无论何时……我就是讨厌，就是受不了。"他们实际上在说服自己自寻烦恼。

有时琐事跟大事一样烦人，常常比大事还烦人。有时候只是说话的语气，某人脸上的表情，或电话里的噪音，或迟来的邮件，或排得太长的队，或销售人员傲慢无礼，或交通拥堵，或……当大事一来，你就变得不堪一击。截止时间突变，或仪器设备坏了，这都会让你过分生气。"生气"不能让问题消失，或解决任何问题（事实上，你还可能做出错误决定及把关系搞糟），但你不怀疑自己的反应，因为这看上去太自然不过了。

事情没有朝你想要的那样发展，你"生气"是再自然不过的。但"自然"就该总有利于你吗？不！生气肯定是不赖的感觉，可以暂时地叫你不那么郁闷，但生气难以解决无法消失的问题，还会让问题变得更糟。另一个选择不是把脾气闷在肚里，而是攻击这种脾气，把它降低到不影响你有效应对局面的水平。

托马斯·爱迪生在灯泡实验上几乎搞砸了 800 次后才成功。感谢上帝，他没有过度害怕失败，也没有低耐挫性！我（阿瑟·兰格）以前常说如果他早早地放弃的话，我们就只有到草坪上去工作，或靠烛光工作。但这样说也不对，迟早会有人不畏失败，或没有低耐挫性，把灯泡研制出来。

我们一想到耐挫性低，就首先想到青春期青少年。太多的孩子一旦事情未朝他们喜欢的方向发展就大发脾气。他们常常为父母及父母的"愚蠢"决定而生气。"你还把我当孩子看，我真受不了！"许多人像对自己的失败那样对他人的失败难以宽容。有些用否认和合理化来处理他们自己的失败（"总之，这是一项愚蠢的运动"，"老师是个混蛋"）；有些则要父母、兄弟、姐妹和其他人为他们本人的失败承受他们念的"应该"经，并且还气哼哼的。有的年轻人从事一项运动，只要未成为一流运动队就立马退出。如果他们在新领域选了一门课，第一次论文没做好或第一次考试没考好，他们就不选了。他们最终会成为我们中的大多数人，从未培养好不屈不挠、勤奋努力和坚持不懈的品质。这些品质都值得培养，并都与我们的所思所想有关。

然而，低耐挫性不仅局限于青少年，它有没有影响过你？你有没有被大小事扰乱心神？比如，没得到希望得到的晋升或加薪，没等到说好要来的快递员，上司抢了你的功劳，因爱人没像你希望的那样专注而吵架，把你买的东西组装起来的说明书全乱套了，有的地方还缺页。

如果你把事情恐怖化和应该化，很快就会怒气冲冲，你就成了问题的一部分。同样，你的恰当选择不是翻一个身说，"那又怎样？谁会在乎？"而是朝更佳之选方面想："我很想快点弄清楚这些说明，但这要花时间。"或者，"我很想得到晋升或加薪。"或者，"如果上司不抢我该得的那份功劳就更好了。"或者，"我想要我爱人更专注一

些，但没那可能，我会感到很遗憾。我失望、极为关注，愿意做任何
事来纠正这件事。"

有一种看法就是，事情应该总是朝个人想要的方向发展，伴随这
种看法的还有一个推论："我应该始终如一地得到公平对待。"现在，
你几乎可以嘲笑这种念头的荒谬性，但实际上当你相信你遭到不公正
待遇时，你难道不是非常愤愤不平吗？当我（阿瑟·兰格）问听众，
"有多少人认为世界是公平的？"没人举手（也许除了一两个精神病患
者外）。我们知道世界是不公平的，可是，当这不公平冲我们而来时，
我们仍然会极度愤怒。从小时候起，我们就开始想，这世界尤其应该
对我们公平。

有时候我觉得小宝宝学来的最初三个应答是"妈妈，""爸爸"和
"这不公平！"父母、兄弟或姐妹做的任何事都不公平。但是，了解
（并接受）世界并不总是公平的，这是伟大而价值连城的发现！我们
真的相信如果你待人坦诚，他们多半会还你真诚。然而，有时候你
格外主动示好，主动接近，付出额外努力，他们却得寸进尺，占你
的便宜。

现在，我们没有主张你停止善待他人。我们所说的是不要停止。
如果他们不珍惜，不要目瞪口呆，过分义愤填膺。这世上有一些"演
技拙劣的演员"，他们经常自私自利、自我中心、毫无体谅之心。有
时候，当别人麻木不仁地对待我们，把我们玩弄于股掌之间，剥削我
们，利用我们或完全不公平地对待我们时，我们会火冒三丈。因此，
当你受到不公平待遇时，我们不建议你翻一个身说"打我呀，再来一
下。把我打得一败涂地好了。"或者，"哈，哈，人无完人。也许他们
不是有意的。"你仍可以决定尽力匡扶正义、争取公平，无论这非正
义、不公平是来自个人还是来自社会，只不过无须反应过激，让自己
成为问题的一部分。

有时候，低耐挫性和把不公平的事恐怖化让我们感到很无助，感到自己是受害者（别人的受害者或环境的受害者）。总有"他们"或"它"不让我们更幸福、更成功、晋升得更快、更富有、更有趣、更受人欢迎）。"假如不是功高震主，我早就升职了。""那些邻居如果不是那么目中无人，我们肯定处得好。""如果不是老师太乏味，我一定能考好。""如果经济环境不变，我肯定是百万富翁了。"

这些"如果"或许有几分道理，但真正含义是，"事情成不了，非我之错。"结果是，那些认为事情天经地义该朝他们所需的方向发展的人们，那些认为自己天经地义该受到公平待遇的人们，都轻易成了牢骚大王。于是，他们开始怨天尤人。假如走运的话，他们发现别人也同样如此，他们可以扎堆儿发牢骚。如果他们真的中了头彩（在工作上、邻里关系或家庭关系中），他们就能找到几个喜欢定期扮演受害者角色的同道之人，一块儿发泄满腹牢骚。然而，这种抱怨对解决任何问题或关注点都用处不大。得承认抱怨是自然的，但只是百无一用。

你能看到，对待不公平所产生的低耐挫性和怒火可以导致冲动反应，半途而废，消极否定，逃避责任，大演苦情戏，发牢骚，自怨自艾，不知所措，妒忌成性，缺乏坚韧。

我（阿瑟·兰格）常想知道为什么那么多雇主要求雇员有 MBA 学历。雇主自己常常抱怨教室不是真实世界，但他们却要求雇员都必须有这个文凭。

我在学术界待了 25 年后得出结论，在实用学术领域如商业，拿了硕士学位和博士学位的人并不一定比无学历者更聪明，更有见识。不得不说，每一层次的学术都需要一定量的智力水平，但无头衔的人具备同等智力的，是有头衔之人的十倍。

不过，有学历的人有一种弥足珍贵的品质，那就是坚持不懈。有学历的人承担一个重大任务时，会有计划、有系统地做下去，不做完不罢休。他们所上的课其中许多缺乏实质性的趣味。他们写论文，复习考试，做研究。这种勤奋努力是商界珍重的品质，尽管这与所学的内容没多大关系。学到的态度和练就的系统性努力证明他们有担责的能力。在这种任务中，没有低耐挫性和不公平引发的愤怒的位置。这并不是说，拿到学术文凭是唯一展示坚持不懈的途径，因为还有数不胜数的其他方法！但是，摆脱低耐挫性是系统完成任何重大任务的非常重要的步骤。

第四种神经病想法如下所述。

非理性信条4："如果前面三种坏事中的任何一种出现了（如果我不讨喜或不被尊重，如果我失败了，或结果不像我想的那样好或至少过得去），我总要找个人骂骂才痛快！他们做错了，早就不该这么做，事情做得那么糟糕，一帮烂人！"

许多人擅长一出错就锁定要骂的人。仅仅在一次会议上，你就能很快把功能失调的人与具有行动力的人区分开来。在功能失调的群体里，问题刚出，80%的时间就花在追究责任上，只有20%的时间用来想对策。在具有行动力的群体里，80%的时间用来想对策，没时间花在骂人上，而是20%的时间花在找出谁对问题和解决方案都负有职责。

职责与罪责不同！你有没有这样的经历：在会议上被允许说，"是的，我对这个有问题的区域（或者问题的这方面）负有责任。"没人会立刻砍你的头。你被允许承认错误，然后把重心移向思考对策。

我们知道太多的机构，其游戏名称是CYA。你知道CYA管理哲学吗？"掩护你的两翼。"会上每个人都暗示（或赤裸裸地）说，问题"真正"出在其他部门或其他人身上。生产部怨机械部，机械部怨研发部，研发部怨市场部，市场部怨销售，销售怨应收账款。手榴弹在房里抛来抛去。你知道谁最终挨炸吗？没参加会议的人，不管是谁！

有些单位在各个等级之间把推诿指责常规化，而不是在各个部门或各个轮班之间。主管为生产效率低而责怪工会，因为当老板面临不好的工作表现时，"他们"站在老板一边。一线经理为没有支持他们强化责任制而责怪中层领导。中层领导说，是执行者不关心责任制问题，因为"他们"忙着胡思乱想，不想被打扰。部门上层经理责怪集团经理，集团经理责怪工会！就这样，一个完整的圆形成了，问题依未得到解决。

但当办公室里出现个性冲突时，总是对方不是个东西。不胜枚举的证据冒出来，证明是谁的错，整个办公室议论纷纷。唯一的问题是双方都在传播（有时候添点油或加点醋）。

我们中有些人在家做同样的事。只要夫妻中有一人不耐烦地问，"你为什么总是……"（后半部由你填写。）另一个就会防备地反驳道："如果你不是那样一个……我也不会总是……"于是，前面扔手榴弹的那位说："如果你不是这么一个……我也不会是这样一个……"这对夫妇又一次互相指责，打口水仗。起因之渺小，第二天无人能轻易想起来——但他们一句顶一句的恶言恶语却谁也忘不了。

无论是在工作上还是生活上，我们可以创造一种氛围，一种气候，一种普遍认可的态度，那就是，不需要"掩护两翼"或戒备森严，而是为自己的行为负责，这没什么不好。那些说别人不是的人就是典型的过分担心别人看法的人，或者就是过分害怕自己失败而没有担当的人。所以，他们把脏水往别人身上泼。

有些人具有强烈的自责倾向。他们为每一点点瑕疵或失败给自己常念"应该"经。他们苛责自己，最后把自己看得一钱不值。他们最终不是放弃就是离群索居、悒悒不乐。那些给自己和别人念"应该"经的人只过上了大约30%的生活，而且还不开心。有担当是健康的，不停自责却是在滋养癌细胞。

其他主要自毁性的愚蠢想法（即非理性信条 5 ~ 10）不像前四大类那样频繁现身，但在具体情形中，它们的破坏性也不小：

非理性信条 5："假如我对即将发生的事或别人对我的看法抱有挥之不去的忧虑，当事情真发生时，定会比我想象的要好。"如果你停止担忧并想一想，就会知道在截止日期前完成任务、付清账单、找到工作、让公婆或岳父母来访成为开心的事，在这些方面杞人忧天都于事无补。然而，你却执意纠结于所有的"万一"和"应该"，弄得自己惶惶不可终日，有时候数星期前就开始了这一过程。

非理性信条 6："每个问题都有完美的解决方法，我必须立即找到这些方法！"如果等待完美的解决方法，你就失去了整个旅程。有时候我们迟迟难以决定，因为每一项选择都有负面的东西存在："我该跟他结婚吗？""我是辞职，还是继续做下去？""我该买这栋房子或那栋房子，或还是租房子住？""我该走这一趟还是不去？""我该公开说出来还是不说？"

寻求完美答案常常导致停滞不前和沮丧挫败。坚忍不拔，对不够完美保持宽容（但朝完美方向努力），追求改善，决心尽其所能地去做，这都是健康的，很有可能产生最好的结果。放开对完美解决方案的要求，一点不会削弱你的工作决心或尽力而为。当没有现成的或显而易见的完美解决方案时，想要找到完美方案，坚忍不拔地追求最佳状态，与把事情恐怖化和应该化是完全不同的。

非理性信条 7："逃避困境和责任比正视它们要容易得多。"这是最具破坏力的合理化。我们实际上可以说服自己置身任何事外，而且还心安理得！

一次，有一个宗教复兴派的牧师没完没了地讲如魔鬼一般的朗姆酒和烈酒的邪恶性。讲到一半时，他搞了一个噱头来证明他的观点。

他举起一杯水和一杯酒，在每个杯子里放一条蠕虫。然后，把两个杯子放在大家都能看见的桌上，继续他的证道。几分钟后，他回到杯子旁，举起杯子叫道，"看！看我怎么给你们说的！"不出所料，在水里的蠕虫发疯似的扭动，酒里的蠕虫已死得像个门钉。他又叫道，"知道我的意思了吗？"后排刚刚溜达进来的一个醉鬼大声回敬道，"当然知道，如果我喝许多酒下去，就不长蛔虫了！"我们可以想怎么曲解就怎么曲解，特别在回避困境时。

"这不是要求加薪的合适时机。这样做没好处。""她从不听我说。""我不擅长做这种事，你为何不打个电话。""在这儿不管用。""也许这不是他的本意。""你到底要我做什么，难不成就是要我走向他说，'你好，我是苏，你究竟喜不喜欢我？'"合理化总包含一些实情，但合理化就是设计成要我们不为逃避而内疚。

非理性信条 8："如果我事事不投入，只保持若即若离的关注，我会永远开心。"这又是一个精彩的合理化。我们知道这听上去很蠢（也许甚至令人困惑），但你不也见过在工作会议上、在委员会、在家里的人不断反对一切事情？他们总是在帐篷外打掩护。他们甚至对自己的批评都见怪不怪！他们一开始为什么要去参加会议或加入委员会？他们对一切事情都"是的，但……"，任何做不成的事都有理由，或者为什么他们帮不上忙。他们叫我们想起莫里斯，那些电视广告上的猫，它甚至对老鼠都不感兴趣！整个社会都不对劲，父母、工作、拟定的计划、其他人的想法、上司、爱人和邻居，但他们不大做文章。他们只是坐在那儿，被动地观察着。如果你问他们的意见或喜好，他们会说："哦，我无所谓。"可他们真正想的是："只要保证我喜欢就行了。"但这种条件难以满足。

底线是如果他们真的参与进来，他们不见得做得好（不管是什么事），所以他们保持距离，不主动行事。心理退缩显然不能带来幸福。

不得不承认，这可以万无一失，但生活变得如一潭死水，或毫无建树。

神经病信条 9 和 10 都是对感觉和行动推诿，然后放弃有所作为：

非理性信条 9："我的过去、小时候、最近恋情和最近工作中发生的所有可怕的事造成了我此时的感觉和行为。"比如："父母是酒鬼。""我是独生子女。""我在学校成绩不好。""我的少年期糟透了。""我自卑，因为尿床。""我的前夫在言辞上侮辱了我。""我在高中被人嘲笑。"

毫无疑问，如果我们放任自流，过去的经历对我们现在的行为有着深远的影响。当我们盯着过去，就会把事情恐怖化、应该化、合理化，如果这样，这些思想就会增加我们在类似现状中的过分焦虑、生气、抑郁、内疚、沮丧、痛苦或逃避的潜在可能性。然而，我们的确有本事抵抗和修正我们对过去的看法⊖。过去的事件不会变得虚幻而不真实，我们无法改变事情的发展经过，可是，我们可以大力改变我们对这些事的看法。如果你失败了，或遭到拒绝，或受到不公平的待遇，承认并坦然接受。这样你就能朝前走了。（这同样适用于第 10 种神经病想法。）

非理性信条 10："坏人坏事不应该存在，当它们的确存在时，我真不知道该怎么办才好！"这就好像说 A's（事情和人）真的导致了 C's（我们的感觉和行为）。我们已经知道，事实上是 B's（我们自己的看法）产生于 A's 和 C's 的之间，很大程度上决定了我们的 C's。

他人他事会逼你过分生气、焦虑、抑郁或内疚，不得不承认，相信这点很容易。但这种看法不是说有就会有的。难道你的上司、孩子、爱人、情人或朋友真的会逼你反应过激？这不是说你不能考虑对

⊖　你的过去如果真的伤痕累累，你也许需要来自专业人士的帮助，理解过去是如何影响你的现在，你能采取什么行动去面对它。

人或事发脾气。你常常在考虑。但认识到谁对你自己的感受负责（比如你本人），可以启发你问："这难道是我在这种情形中想要的感觉和行为吗？"如果答案是"不！"那么，你打算如何做去改变你的非理性信条？而这一变化却是有利于你的感觉和行为的。在下一章，我们会谈到如何准确地做到这点。

练习

练习4A　找出使你毫无必要地被他人他物牵着鼻子走的愚蠢信条

正如我们在本章所讲，我们都至少具备十大非理性信条，毫无必要地让自己陷入身不由己的境地。当然，你多半不会具备所有这些非理性信条，但在具体情形中，你会为自己拥有的非理性信条数量感到吃惊。在这个练习中，把下列十大非理性信条看一遍，无论何时你感到沮丧，并让人牵着鼻子走，确定一下你实际怀有哪一种想法。

练习4A　练习表示例：找出使你毫无必要地被他人他物牵着鼻子走的愚蠢信条

非理性信条	出现频率		相信程度	
	很少	常常	轻微	强烈
（1）过分担心别人对你的看法。				
（2）我决不能在重大任务上失败，失败是可怕的，我决计受不了。				

（3）低耐挫性：无论是人还是事，最后结果必须是我想要的。如果不是，那就太糟糕、太可怕、太恐怖，太不公平了。

（4）头三件坏事中任何一件发生，我总要找人骂骂。

（5）如果我对未来之事及别人对我的真实看法有挥之不去的忧虑，最终结果定会更好。

（6）每个问题都有完美的解决方案，我必须立即找到。

（7）逃避困境和责任比面对要容易。

（8）如果我万事都不投入，只保持若即若离的关注，我不会不幸福。

（9）我的过去、小时候、最近恋情、最近在工作中发生的可怕事情导致我现在的感觉和行为方式。

（10）坏人坏事不应该出现，真出现了，我只能是无所适从。

练习4A 你的练习表：找到使你被他人他物牵着鼻子走的愚蠢信条

非理性信条	出现频率		相信的程度	
	很少	常常	轻微	强烈

练习4B 练习表示例：当你有非理性信条时，把失当的负面情绪调节为适度的负面情绪

非理性信条举例	这种想法常带来失当的情绪	你可以把它调节为恰当的情绪
（1）我必须始终得到我在乎的人的赞扬。	担心，被拒绝。	关注，失望，伤心，决心"找到"其他人。
（2）我决不能在重大任务上失败，失败是可怕的，我决计受不了。	焦虑，抑郁。	关注，懊悔，无可奈何。

（3）低耐挫性：无论是人还是事，最后结果必须是我想要的。如果不是，那就太糟糕、太可怕、太恐怖、太不公平了。	低抗挫，恐慌，抑郁，觉得自己被别人坑了。	挫折感，恼火，易怒，决心摆脱受挫感。

练习4B　你的练习表：当你有非理性信条时，把失当的负面情绪调节为恰当的负面情绪

经常发生在你身上的非理性信条	这种想法常带来失当的情绪	你可以把它调节为恰当的情绪
_____	_____	_____
_____	_____	_____
_____	_____	_____
_____	_____	_____
_____	_____	_____
_____	_____	_____
_____	_____	_____
_____	_____	_____
_____	_____	_____
_____	_____	_____
_____	_____	_____

练习4C　练习表示例：对你的非理性信条采取行动进行反制

非理性信条示例	反制非理性信条时，你所能做的事
（1）过分担心别人对我的看法。	冒险一试，主动跟凶巴巴的或不好打交道的人联系，让自己沉住气，不焦虑。
（2）我决不能在重大任务上失败，失败是可怕的，我绝对受不了。	把工作失败跟朋友或同事谈谈。去参加一个没有把握的工作面试。在严格的时间限制下工作做得不彻底时，不要让自己生气。
（3）抵抗挫性：无论是人还是事，最后结果必须是我想要的。如果不是，那就太糟糕、太可怕、太恐怖、太不公平了。	暂时保留有麻烦的工作或恋情，直到我不再自寻烦恼。只有当我肯定不会反应过激时，才换工作或换恋人。

练习4C　你的练习表：对我的非理性信条采取行动进行反制

经常发生在你身上的非理性信条	反制非理性信条时，你所能做的事
_____	_____
_____	_____
_____	_____
_____	_____
_____	_____
_____	_____
_____	_____
_____	_____

第5章

如何调节自身的非理性思考方式：
通往成功的四步骤

　　改变想法需要付出、觉悟，还有就是练、练、练。付出是一种态度，表明：第一，对自己的感觉和行为负责是不受制于人和事的必要条件；第二，学会改变我待人接物时的思维模式是值得一试的努力；第三，我会坚持有计划、有步骤地做下去，因为这不是一次性的学习经历，这需要花费时间和努力。

　　觉悟是真正改变你想法的第一步。指望一读到如何改变就立马改变，这是不现实的。从你已经被人或事牵着鼻子走的经历开始。你是如何感受和行动的（在 C 处）？如果你感到极度沮丧、焦虑、愤怒、抑郁或内疚，不要只揪住那个人和那种情况（A 处）不放，而是问自己："我在那种情形中想到什么而让自己如此沮丧？"进一步细化，问自己："关于自己、关于那种情形中的其他人、关于那种情形，我自己是怎么想的？"

　　与其抽象地把改变想法的步骤一一道来，还不如拿讨论会上一名志愿者的真实情况来做例子。（与前面的例子一样，括号里的陈述不能看作那个人真正的所思所想，而应看作一种隐含的东西，即帮助你理解在具体情况中支撑实际思考的潜在非理性信条。）

诱发事件（A）：乔安，一位已婚女子，相信近日来她丈夫不像往常那样关爱她。

步骤一 在 C 处，问自己：在这种情形中，我的感觉和行动究竟有多么不够恰当？乔安说最近几个月，她把自己弄得极度烦躁、愤怒和沮丧，她把自己描述成易怒、更加不想见人、焦躁和高度敏感。

步骤二 在 B 处，问自己：我自己是怎么想的，以致把自己弄得如此不开心？乔安说了自己的想法："他凭什么可以不把我当回事儿？万一我不像从前那样吸引他怎么办？这太糟糕了！也许我对我们之间的关系太心安理得了。万一他出轨怎么办？是不是因为我做了什么事（那是我不应该做的）？他的行为把我气坏了，尤其在我尽力表现出从前那种爱意之后！我老早就知道他不比我那么在乎他。我该怎么办？好吧，我犯不上去忍受这一切！他以为他是什么东西？他不在乎，那我也不在乎！"

在鉴别你的思想时，弄清楚四大非理性信条（和其他 6 种）中的哪一种是暗地里支持你想法的，这会很有帮助。比如，乔安意识到了害怕被拒绝，害怕失败，低耐挫性，怨天尤人构成了她过激反应的基础。她已完成本垒打！

正如你所见，当乔安在真实情景中回到家里，她从烦躁蹦跶到愤怒，到惶惑，到沮丧。她的思想虽然用了几天才形成，但当她把自己、丈夫和情形恐怖化、应该化和合理化后，她已做好了丈夫跨入家门就杀了他的准备！

既然乔安已鉴别清楚她是如何弄得自己不开心的，她可以靠问以下问题来质疑她的想法。

步骤三 我如何反制和回击自己的非理性思考方式？乔安有了很不错的办法："我的确相信丈夫最近不那么关爱我了，似乎不把我当回事了，但这真的很糟糕、很可怕、很恐怖吗？不，除非我把这件事变得糟糕、可怕、恐怖。他也许不像以前那样被我所吸引，但这也不是世界末日。虽然我没有证据，但我无法排除他有外遇的可能性。对这种可能性表示不开心和愤怒能让其化为乌有吗？不能！假如他真不像过去那样在乎我，在我认为这是实情并为此伤心愤怒之前，我可以找他谈谈。我挺得住，除了找他麻烦或欲擒故纵之外，我还有别的选择。"

步骤三后面自然出现关键的步骤（和提问）。

步骤四 我能用何种更佳之选来替代我的恐怖化、应该化和合理化？乔安有了这些念头："我想要丈夫非常爱我、尊重我。如果他真是如此，那就太好了；但如果他不是这样的（达到我想要的程度），这并不可怕，除非我把这件事恐怖化。我也希望他发现我有魅力，即使他不这么认为，也不意味着我没人要。我非常关心我们之间发生的事在我是怎么想的，我可以在不挑衅或不过分生气的情况下跟他谈谈。我想要他更爱我，更关心我，更欣赏我。如果他做不到，我会致力于继续从这段感情里挖掘我想要的，想办法跟他谈心，想办法理解究竟出了什么事，想办法解决这个问题。我不是非要拥有他的爱不可，我只是想要而已。如果事情没有起色，我会考虑离开，但要在我认认真真努力过之后。"

有了最后这组念头，乔安的想法就完全不同了。她剔除了恐怖化、应该化、合理化。她不再反应过激。然而，她仍然很关注丈夫的行为，决心跟他谈心。她弄清楚了这种情形中什么是正确的，然后对抗自己的过激反应。最重要的是，她没有骗自己相信这只是想象，或否认有事情发生，或说服自己不理睬正当的感觉和担心。最重要的区别在于她能够跟他讨论此事。而她以前的想法，不是封闭自己生闷气就是吵架。她能够把那种想法化为更佳之选，情况就变得大不相同。她仍然没走出来，但现在她可以有效地处理此事。

在那个讨论会上值得注意的是，乔安并没有轻松迅速地想透彻这四个步骤。她就每一个步骤跟自己的同伴讨论，努力按照每一步骤办事，专注于每一步骤。我们在这里只报道了她在每一步骤所做努力的结局。她实际上花了约 20 分钟把自己的回顾琢磨透彻。当你刚开始实施这些步骤时，需要这么长的时间，但当你坚持使用这些步骤，所用的时间会越来越短。然而（正如前所述），改变思维方式的过程不是阻止你无所适从、失态发飙的速成法。乔安不仅小心翼翼、一心一意地去按步骤思考，并且还反反复复地重复那套健康想法，即每当她发觉自己开始用原来的（以及新的）恐怖化、应该化和合理化来折磨自己时。事实上，既然你多半在不停地恐怖化、应该化或合理化，这花费的就不是你的额外时间。

乔安的回顾，我们尤其喜欢的一点是，她仍然强烈关注丈夫那边发生的事。她也认识到她不能排除她最担心的事可能会发生，但她不会对其反应过激。她再一次确认了她对丈夫的感情，决心直接找他处理。她甚至对自己说，如果最坏的情形出现，而他又不打算回头，她准备分道扬镳。她不想要这个结果，但她准备把它作为最后手段。这不是出自受伤和愤怒，而是从好的一面看，是因为她的正当需求未得到满足而已。⊖

图 5-1 显示你能用于改变想法的基本步骤——在任何被人或事牵着鼻子走的情况中。这是一个高度概括的提纲，细节部分紧接着会在

⊖ 在这个具体例子里，我们认为乔安对她丈夫行为的描述是正确无误的。而一个人对他人行为的感知往往可能是歪曲或不正确的，但这可以通过讨论而不是吵架来澄清。

下面谈到。

步骤一 从 C 处开始，自问："我目前在这种情形中（A 处）的感觉和行为到底有多么的不恰当？"尤其注意过度烦躁、愤怒、抑郁、内疚、沮丧、受伤感、戒备、挫败、嫉妒、威胁、恐吓、不想见人、拖延、回避、敌意，诸如此类。

步骤二 立即返回 B 处，自问："我对自己、这种情形中的他人或整体情况究竟有什么非理性思考方式吗，以致弄得自己如此不开心（在 C 处）？"找出你的恐怖化、应该化，特别是合理化。

我们鼓励你记住在第 4 章描述的十大非理性信条。但如果太多了记不住，确保至少记住前面四个：①太担心别人对你的看法（害怕被拒绝）；②我不能失败；③低耐挫性（或这不公平）；④怨天尤人（自怨自艾或说别人的不是）。这四种可以在你遇上具体事不开心时能帮助你理清思路。

步骤三 自问："我如何质疑和对抗我在步骤一里面的非理性思考方式？"试着问："我是不是非得……不可？""我必须……吗？""我应该……吗？""我非要他……不可吗？""他们就该……吗？""为什么我必须或他们必须……呢？""我被拒绝、失败、没找到方法或受到不公正待遇真的就那么糟糕、那么可怕、那么恐怖吗？""为什么有人应该受到责备和攻击？""我认为重要的人就必须爱和尊重我，还是我只是想要和期待他们这样对待我？""我必须永远不失败，或只是我想要成功？""我必须永远不受到不公正的待遇，还是如果我受到公正待遇就更好了？"

帮助你对抗反应过激的另一种办法是接受实情，不否认、不回避、不夸大。（"我的爱人的确已提出离婚。""我的确丢了工作。""这个人的确很粗鲁可憎。""这些孩子的确烦人。"）接受情况真实的一面帮助你认识到你在夸大其词。你是如何夸大的，你就如何去对抗它：

"我的爱人的确提出了离婚，这很糟糕、很可怕、很恐怖，我绝对受不了！"但你真的受不了吗？你非得拥有她的爱不可吗？你真的没人要？世界从来没有不公平吗？

步骤四 自问："我能用何种更佳之选来替代步骤一中的非理性思考方式呢？"试试"我想要……""我喜欢……""我更愿意……""如果……就更好了。"你可以用感性词，如"我后悔这……""很不幸……""我感到失望……""我非常挂念……""我决心……""令人感到挫败（不方便）的是……"只紧跟喜好倾向，避开糟糕化、可怕化、恐怖化、应该化和合理化，你能把过度焦虑、愤怒、戒备、抑郁和内疚大事化小，小事化了。

这些步骤一开始看上去有些烦琐，但稍经训练，你就能够在几分钟内把这些步骤走一遍（见图 5-1）。

步骤一 在这种情形中，我的感觉和行为是如何的不够适度？
步骤二 我想了什么致使自己如此不开心（过分焦虑、愤怒、抑郁、内疚或行为失常）：
(a) 关于自己？
(b) 关于他人？
(c) 关于这种情形？
步骤三 我如何挑战和对抗自己的非理性思考方式？
步骤四 我可以用何种更佳之选来替代非理性思考方式（恐怖化、应该化和合理化）呢？"我想要……""我喜欢……""如果……就更好了"如此之后，结果将有何变化？
"不幸的是……""我感到失望……""我十分关注……""我后悔……""我决心……"

图 5-1 改变你的神经病想法

为了改变你的想法（最终也改变你的失常行为），不受制于人和事的成功关键在于练、练、再练。所有这些努力回顾的美妙报酬是你很快意识到你没有一遇事就恐怖化、应该化和合理化，而是隔了一会儿后，常常自动地开始朝更佳之选方面思考。

我们未听说过从不反应过激的人，所有反应过激类型的人多半都包括你。但你可以努力改善自己的反应。我们中没有几个人是甘地。

（事实上，我们敢肯定就是甘地也会有被惹毛的时候。）你可以致力于越来越不让人或事牵着鼻子走。于是，即使在某种情况中你发飙失态，即使是那样，也不可怕。你会真正感到后悔，然后善后。

但要保持警惕，因为任何以心理健康为目标的系统都可能偏离轨道或运用不当。我们见过人们产生如此"更佳之选"的想法，如"要是我的前夫/妻遭遇火车失事就更好了，""她不再爱我的话，我想死。"

有时候，人们错误地认为更佳之选会让他们失去所有情感，变得毫无情趣、乏味麻木。没有比这更离谱了！这些技巧被设计成剔除或降低你的过激反应，即妨碍你拥有美好情怀的过激反应。你有时候会感受到负面的情绪如愤怒、懊恼、紧张、挫败和悲伤，但不会把它们变成暴怒、抑郁、高度焦虑或极端内疚。

在步骤一、二中，鉴别出你是如何把自己弄得不开心并让人或事左右自己的；在步骤三、四中，挑战并对抗让你反应过激并心境恶劣的非理性信条，用更准确的理性想法和喜好倾向取而代之。你不可能只做一次就指望心情奇迹般地恢复正常。每当你感到极度不开心，每当你行为失常时，你可以按照这四个步骤梳理思路，用更佳之选取而代之。

许多人问我们："是埋在心里不吭声好，还是发泄出来好？"我们每次的回答都是两者都不好！在大发作和隐忍不发并让自己患上溃疡之间，还有第三种选择。不得不承认，让某人承受你的发作（尤其是罪有应得的人），感觉是不错，但这很难产生长远利益，而你却变成了问题的一部分。相反，你可以改变自己的过度情感反应，把它们变得适度（自助性的）和有效（帮你得到更多你想要的和更少你不想要的）。是的，你真的可以改变情绪，而不是扼杀情绪。你的确只是普通人，但也没必要非把自己弄得悲悲切切不可。

下面是如何在现实生活里使用四步骤的例子。每个事例都只是某人在那种情形中做出反应的一种方式。你读到这些例子，看是否能记起生活中类似的情况，把这四个步骤运用到自身情况中。别忘了：括号里的想法是隐藏在真实思考中的。

离婚：潜在的本垒打

你正在离婚。这是艰难而痛苦的经历，但似乎是正确的选择。然而，你经常不开心。

步骤一 对此，我该如何感受和行动呢？

恰当的：遗憾、失望、伤心。

失当的：过分生气、烦躁、抑郁和内疚（本垒打）。"我烦躁不安，注意力涣散，缺乏工作效率，不想见人，有时脾气暴躁。"

步骤二 我脑子里有哪些非理性信条让我过分烦躁、生气、抑郁、内疚及缺乏工作效率？

a. 关于自己，我有什么非理性思考方式？

"天哪，我做了什么？我给自己 14 年的婚姻生活画上了句号。我本应该做一个好丈夫 / 妻子，我本不应该毁掉这桩婚姻的！这太可怕了！万一我这一步走错了呢？万一我孤独终老怎么办？这太恐怖了！万一我连自己都养不活怎么办？我怎么打理这整栋房子？我怎么就弄了这么一个烂摊子出来？我不能忍受这种孤独。我感到空虚。我是一个失败者。一切都不重要了，我毁了一切！"

b. 关于别人，我有什么非理性思考方式？

"万一小比利因为我们离婚而受到永久性的影响怎么办？万一我对他做不到又当娘又当爹怎么办？万一他恨我离婚怎么办？我受不了！我应该多想想他，少想想自己。"

关于前夫："那个人渣，我恨他！他多半从没真正在乎过。他甚至不曾尝试经营这段婚姻。我恨他！我恨他！他怎么能对我做出这样的事？我希望他日子不好过！"

关于朋友或亲戚："他们多半都认为我是一个失败者。我不会再理他们了。我无法面对他们。他们不想跟我有任何关系。（并且他们是对的！）"

c. 关于这种情形我如何看？

"这不公平：这场婚姻耗去了我最灿烂的年华！我正在做什么？自掘坟墓？我害怕上法庭，把残酷的细节公之于众。约翰过来接走比利，我心里恨极了。我受不了这种污糟事！"

步骤三　我能如何挑战和对抗自己的非理性信条？

"我正在离婚，生活正在发生天翻地覆的变化，但我真的需要生活中有其他人吗？不！不结婚，我就不是完整的人了？不！我带给儿子的是永久性的伤害吗？不太可能！我是失败者吗？不是，即使在某些方面失败了。我的丈夫该受重罚吗？不！我会一直不懂理财和打理房子吗？不会！我非住在这里不可吗？多半不！真的什么都不重要吗？

步骤四　我可以用何种更佳之选来替代非理性思考方式？

"我希望有爱情，但我不一定为了幸福非有爱情不可。我不想独自一人或孤独一生，但如果我真的独自一人，我也不怕。这并不糟糕、可怕或恐怖，除非我把生活变成这样。"

"我希望儿子能从这个不幸事件中安然脱身，我会尽其所能地促成此事，但把这件事恐怖化不能改善局面。他会挺过来的！"

"我希望不离婚，但我们不离不行。我很关注我的将来，但我不打算凄凄惨惨地过日子。对这件事的发生，我深深感到遗憾，但我决心继续过自己的日子。"

如果你每次在你刚开始恐怖化、应该化或合理化时就用更佳之选来替代，什么困境都难不倒你：向孩子做解释，跟前夫 / 妻打交道，跟好心的或不对盘的亲朋好友来往，担负起过日子的职能和责任。你不会轻易勃然大怒、抑郁、焦虑大发作或愧疚痛苦。你当然会感到挫折、不快、伤心、担心并下决心让自己现在和将来都幸福起来。但在任何一种艰难困苦的情形中，你会反复把更佳之选投射到自己心里，并且致力于不仅处理眼前的事，而且还要处理将来的事。

如果你正在经历离婚的话，也许你不会拥有所有我们在步骤二里列举的想法，但至少你会有其中某些想法，这几乎足以能牵着你的鼻子走了！在此列举的想法是汇编了真实生活中的例子，涉及的确实是正在离婚的人们。而你的一场认真恋爱可能有类似的结局。是什么不时地把你折腾得死去活来的：你当时在想什么？此处的焦点是你如何用这四个步骤来改变自己的思路。此处是另一种情形。

你最近为我做了什么

你 13 岁的儿子放学回家。最先从他嘴里蹦出来的 7 句话可能是：① "晚饭吃什么？" ② "开车送我去吉米家，因为我前阵子把自行车落在他家了。" ③ "那种好棒的网球鞋大家都有，我也该有一双，只要 170 美元。" ④ "乔伊要来过夜，行吗？" ⑤ "给我点钱，我要跟他们一起去玩视频游戏。" ⑥ "我所有的牛仔裤怎么还跟脏衣服在一起？" ⑦ "我们一群人周六晚要去打篮球，我跟他们说好了，你会开车送我们。" 没有 "你好，妈妈!" 或者 "谢谢!" 或者（死了这条心吧），"你今天还好吗？"

步骤一 对此，我该如何感受和行动呢？

恰当的：无可奈何，对他的行为感到恼火。

失当的：怒气冲冲，悲叹自己生了一个讨债鬼。对他声色俱厉，缩到卫生间里尖叫，生闷气，直到最后爆发，或者在其他方面（他的房间、作业、家务活、朋友）找碴。

步骤二 我有哪些非理性思考方式致使我过分烦躁、生气、抑郁或愧疚？

a. 关于自己，我有什么非理性思考方式？

"我在家是奴隶。我厌倦了'给我做这个，给我做那个'！我不是灰姑娘！我决不要再被视为尘土！我已经受够了。"或者也许："养出这种儿子，可见我这个母亲有多烂。我哪样事都做不好。"

b. 关于他人，我有什么非理性思考方式？

"他当自己是什么人物呢，一进门就要这要那的。'做这个。我要那个。'不就是一个惯坏了的臭小子吗。'给我，给我，给我！'如果我说不给，他就让我感到内疚。（真是一个卑鄙的小子！）他能把我逼疯。我恨他如此自私。好像我们欠了他似的！"

c. 关于这种情形，我有什么非理性想法？

"整件事都变得不可理喻。不是狗摇尾巴，而是摇尾巴狗了。我所做的一切只是满足他的需要。我几乎没有了自己的生活。"

步骤三 我如何挑战和对抗自己的非理性信条？

"他非常自我中心、要求苛刻，很少感恩，但这是否表明我非得暴跳如雷或做一个受难者？不！那样做有用吗？没用！在别的事情上找碴，或不理睬那些事能改变他吗？不能！"

步骤四 我可以用何种更佳之选来替代我的非理性思考方式？

"我想要他对我的努力更加感恩一些。我愿意看到他有拿有给，但他做不到，我也没必要反应过激。我知道他的许多东西都要靠我，但我也想要他感激我为他所做的事。我希望他对他人更体谅，但他做不到，这也不是糟糕、可怕、恐怖，这只是让人生出一些挫败感。我决心教他更体贴更感恩，但如果不成功，我也犯不上大发雷霆，成为问题的一部分。

这种情形是正常的父母之道的典型事例，常常伴随着势力范围之争。没错，孩子容易养成自我中心的毛病，但我们可以做许多事将其影响力最小化，不让我们深受其害。朝更佳之选思考，我们仍能正视孩子行为，探讨我们的担心，说清楚我们的期待，如果他们还不听话，就去惩罚这种极端不为他人着想的行为。

最重要的是，你能不反应过激、不丧失冷静地做所有这些事。最后你可以这样对你的孩子说，"大卫，你嚷着要六七件东西，连一句问好或道谢都没有，在我看来，你太不把我当回事了，而我不喜欢这样。"看你的孩子如何回答（姑且你的儿子叫大卫），你可以接着说，"我理解你需要我们给你买许多东西，但我希望你对这一点要有感激之心，并常常表示出来。"

如果你的儿子拿出一副嘲弄或戒备的态度，你可以把话说直接一点："大卫，你对我的话摆出无动于衷（或嘲讽）的样子正是我要谈的。你没有感激之心，我不乐意为你做……"说的时候不要用孩子气的报复口吻或戏谑口吻，直截了当、坦诚相告、平静坚定地说。然后，照你保证的那样去做：关键在于言行一致！

有趣的是，在同样的情形里，没有采取步骤二里的恐怖化、应该化，而是在某种程度上合理化："他不过只有 13 岁，他的确要靠我养。我在他这个年龄多半也是这样。我猜青春期少年的父母都逃不掉这一关。至少他不吸毒、酗酒或更糟，我该感谢才是。还有 5 年他就独立了（我希望）。"

在这些合理化背后的神经病想法是："避开跟他正面交锋的困难局面要容易得多，因为他可能会不待见我，或生我的气。"于是，步骤三的"对抗"可能就会是："避免跟他交锋从长远的角度看是不是真的更好一些？不是！他真的要对自己的行为负责吗？是的！"结果你用来替代的更佳之选也会包括："避开这种局面并不更容易，即使不舒服，跟他正面交锋也是很重要的。他用什么态度对待我，他是负有责任的，我要向他指出这点。"

无论在哪种状况（恐怖化、应该化或合理化）中，只要你能依靠反制和回击你自己的思绪，换之以更佳之选来替代它，你便更有可能正视他的行为，并有效地与之交锋。

现在让我们看看工作上碰到的事。常常不是工作本身击败了我们，使我们大开绿灯，让同事和上司牵着我们的鼻子走。

心理冲突（不是精神变态之间的冲突）

你跟与你一起工作的那个人性格不合。你不知为什么，但看上去就是相互搞不好关系，你们就是互相看不顺眼。这种局面已影响到你们的工作，他越来越不合作，忙帮得越来越少，你们常为小事拌嘴。交流和效率都受到影响。

步骤一　对此，我该如何感受和行动呢？

恰当的：遗憾和无可奈何。

不恰当的：过分生气、不开心、喜欢争吵、不想见人、嘲弄和戒备。

步骤二　我有哪些非理性思考方式致使我过分烦躁、生气、抑郁、内疚、不想见人、嘲讽和戒备？

a. 关于自己，我有什么非理性思考方式？

"我是傻瓜！我不应该让这个混蛋影响到我。我不应该如此不成熟。我为何这么在乎？"或者："我才不会从他或任何人那里拿这样东西！我不会让他占上风！我要他好看！"

b. 关于这种情形中的其他人，我怎么看？

"我就是无法忍受这个变态。他逼得我恨不得杀了他。我不理解他是怎么得到这份工作的。他肯定上面有人。万一他一直跟我过不去而且关系越处越糟怎么办？他除了他自己，什么人都不放在眼里。（这个杂种，他怎么能这样！）"

c.关于这种情形，我有什么非理性的想法？

"这个工作本来挺有趣。万一因为他不合作，我的工作不达标，我由此惹上麻烦怎么办？我不会因为试过了就会赢，我没那本事。越讨好，越吃力不讨好。如果我不理他，他会更难相处，这场仗肯定是他赢了。真恶心！"

步骤三　我如何挑战和对抗自己的非理性思考方式？

"毫无疑问，我们处不来，但我真的就无法忍受？我不开心是不是也导致矛盾激化了呢？他就必须按照我认为他应该有的行动去行动吗？如果不是这样，到底是件可怕的事，还是我把它变成了可怕的事？"

步骤四　我能用何种更佳之选来替代自己的非理性思考方式？

"我想要他更合作一点，希望我俩相安无事。如果真是如此，那就太棒了！如果处不来，也不糟糕、可怕、恐怖。运气不好而已，我感到遗憾。我担心这种局面，我决心改善这层关系。"

"如果改善不了，我也无须把自己弄得凄凄惨惨的！我没必要给他念'应该'经，也没必要把该事恐怖化。假如我的工作没受到这种冲突的影响，那是最好，我会尽力阻止这种事发生，但假如已经影响了我的工作，我也能应对。我还会继续跟他坦诚地、不乏敬意地交流。我没必要为了做那件事而强迫自己喜欢他。我想要他待我如我待他，但假如他不这么做，只怪我运气不好，但这并不意味着很恐怖的事发生了。我会找他谈谈究竟哪里不对劲了，并努力解决这个问题。能解决，那就太好了。解决不了，我也死不了。（需要的话，可以让第三方介入，作为调停人。这不是为了证明谁是谁非，而是协助解决冲突。)

如前所述的情形不可思议地屡见不鲜。注意有两条主要路子可走：尽一切能力更好地沟通，和睦相处，自己不要成为始作俑者。改变你的思想，当你的同事不改变时，你不会让他牵着你的鼻子走。通常第二点做不到第一点也就成不了。改变想法是你和你之间的事，与你的同事没多大关系。

没人具有如此完美的自律性。记住，目标只是降低过激反应。你仍会感到适度的无可奈何和恼火，不得不承认，这些情绪带负面性质，但这些情绪是理性的，甚至可能成为你努力改善情形的动力。你不再会让同事牵着自己的鼻子走，并因此"让你很狼狈"。特别要记住的是，他表现不好时，你仍可以跟他正面交锋，仍可以尽力挽救局面。就是不能让他来烦你！不理他或许下新年愿望都不是解决这个问题的办法，只有改变你的想法。

以下是跟你个人有直接关系的、能影响到你的情形。

批评家

你有一个好朋友（或情人），她生动活泼、激情四溢。你享受和她在一起的日子，她有许多良好的品质，但喜欢吹毛求疵，对你不是出言不逊，就是冷嘲热讽。她常暗示你不聪明，或你错了，或你的判断力不行，或你某些事做得不对。

你们相聚在你家，这是你刚刚花了数千美金重新装修的住宅。她花了大量时间东瞧西看，表示对你的品味和判断的不信任。她不是明目张胆地攻击你，但你清楚地知道这意味着她常常不仅不赞成你的行为，而且还因你这种行为对你颇有微词。

步骤一 被她牵着鼻子走，我该如何感受和行动？

恰当的：对她的所作所为心存不满，并感到无可奈何。

不恰当的：过分生气，很受伤，戒备，厌烦无比。

步骤二 我有哪些非理性思考方式致使我过分焦虑、生气、抑郁、愧疚、戒备或怀恨在心？

a. 关于自己，我有什么非理性思考方式？

"万一我像她所想的那样愚蠢呢？也许她是对的，我只是放不下面子。"

b. 关于别人，我有什么非理性思考方式？

"不，不是我，是她！她不该那样吹毛求疵的！我就是恨她出言不逊！她的讽刺口吻简直要把我逼疯。她就是假得很！她就是要把每个人踩在脚下，因为她自己如此缺乏安全感！"

c. 关于这种情形，我有什么非理性思考方式？

"有这样的朋友，谁还要敌人啊？我不应该忍受这些垃圾！这种朋友不值一交。就这样吧，我算是领教了！这是最后一次我让她把我踩在脚下。她不能再这样下去。她会把我逼疯！"（这里的言下之意是"这并不像应该有的那样公平！"并且，害怕被拒绝和失败。）

步骤三 我如何反制和回击自己的非理性思考方式？

"虽然她常常出言不逊、冷嘲热讽，但她这副样子真的很可怕吗？不。我非得讨她欢心，得到她的赞赏吗？不！我非要被她牵着鼻子走，还是我自己就能决定我该做出何种反应？她真的能把我逼疯，还是当她如此横挑鼻子竖挑眼时，我把自己弄得很悲催？"

步骤四 我可以用何种更佳之选来替代非理性思考方式？

"我希望她少给人脸色，别那么讽刺人和吹毛求疵。我是想要坦诚的观点，但不是被看作一钱不值。她老是出言不逊，的确让人感到沮丧。我想要她别这样了，但我肯定还受得住。我可以不发脾气地正面跟她谈谈这个情况。如果她改了，我们能继续我们的友谊；如果她不改，我就跟她分手。这会是一段伤心事，但并不可怕。在我放弃这段友谊（低耐挫性）之前，我决心试着去改善，不成功，就速战速决地结束。

当这种人牵着你的鼻子走时，你或许会合理化地找借口，因为你害怕与这个人正面交锋，或者把此情形"装进麻袋"直到有一天你把她加诸在你身上的所有讽刺以其人之道还治其人之身。具备更佳之选能让你在不反应过激的情况下，严肃、有效地与她正面打交道。你肯定自信，但没有敌意，也不咄咄逼人。于是，你增加了改变他人的概率，对自己的处理方式也颇为满意。

你可以对她说，"我知道你对许多事都有强烈的执念，但当你用这种冷嘲热讽，有时还居高临下的口吻批评我时，我只顾着对这种贬损的口吻做出反应，留意不到你究竟说了什么。"

正如在相似的情形中，你选择说的下一句话取决于她现在对你的回应。如果她坦然接受，或仅仅稍微有点不饶人，你可以说，"我对你的坦率观点很感兴趣，但我喜欢你不带讽刺或居高临下的口吻来谈论这些，可以吗？"如果她仍然嘲讽或居高临下地应答，也许你可以这样说，"你的回答方式正好印证了我正在谈论的事，我很想要你用另一种方式跟我说话，但保持你的坦诚。你能做到吗？"在两个例子中你都会直截了当、毫无避讳，至少不反应过激，也不造成局面失控。假如她屡教不改，你可以做主不必为了友谊去忍受这种不痛快，并且抽身离开。然而，你要在不伤害对方的情况下做到这点，而不是时阴时晴。

既然已经了解了不受制于人和事的原则及技巧，我们该把它们运用到实践中去。在以下章节里将显示，在我们所有人都遇到的典型情形中，如何运用基本技能。这就是我们该做的重要之事：在现实的日常生活中运用这些技巧。

练习

练习5A　鉴别你不恰当的感受和行为，发现非理性思考方式（走向成功的头两步）

　　这项练习将让你操练如何鉴别不恰当的感受和行为，操练如何发现（然后挑战、对抗和改变）非理性的思考方式。设想一个相关情形——置身其中可能使你在情绪上和行动上反应过激，然后鉴别出你在当时的非理性思考方式。

练习5A　练习表示例：鉴别你不恰当的感受和行为，发现你的非理性思考方式（走向成功的头两步）

倒霉的情形	鉴别你不恰当的感受和行为	描述你的非理性思考方式
被我在乎的人拒绝。	看不起自己，气愤，抑郁。	我完了。没他我怎么活啊？真有人爱过我吗？我真是一个废物。
在工作上遭到非议。	恐慌，抑郁，急于辞职。	我不应该遭到非议！他们认为我不合格，他们没错！我没一样工作能做好。
不能买一辆我真正想要的车。	生气、抑郁。	我必须有那辆车，而不是别的！这不公平！我非要这辆车不可。

练习5A　你的练习表：鉴别你不恰当的感受和行为，并发现你的非理性思考方式

倒霉的情形	鉴别你不恰当的 感受和行为	描述你的非理性 思考方式
————————	————————	————————
————————	————————	————————
————————	————————	————————
————————	————————	————————
————————	————————	————————
————————	————————	————————
————————	————————	————————
————————	————————	————————

练习5B　练习表示例：反制和回击你的非理性思考方式（走向成功的第三步）

非理性思考方式	反制和回击你的非理性思考方式
别人批评我，这说明我工作不合格。	这可能说明我眼下不合格，但即使这是真的，我就永远不合格了吗？难道我必须事事都做得对？如果不需要，当有人指出我失败了，我非得沮丧生气吗？
我受不了工作上遭非议。	真的就那么受不了吗？即使别人冤枉我了，我也真的受不了？我管不住别人的看法，但可以管住自己的。
我必须有那辆特别的车，而不是其他的。	为什么非要有不可？如果我拥有我想要的车是再好不过了，但凭什么上帝就得给我这辆车？

练习5B　你的练习表：反制和回击你的非理性思考方式（走向成功的第三步）

非理性思考方式	反制和回击你的非理性思考方式

练习5C　练习表示例：改变你的非理性思考方式（走向成功的第四步）

非理性信条	你可以拿来替代非理性信条的更佳之选
我感兴趣的人拒绝了我，我受不了！	我更喜欢别人赞赏我或爱我，但我不是非要不可。我能忍受知音难觅，我会因此而伤感，但仍然可以在生活中找到快乐，也能找到喜欢我的人。
我不应该在工作上遭非议。	我想要在工作上得到赏识，但也不是非要不可。我会把批评意见用于改进我的工作表现。即使我的工作表现未得到改进，他们还在非议我，我也决心放下心防，接受诚恳的批评。
我必须有那辆特别的车，而不是其他的。	我尤其喜欢那辆特别的车，但其他车也不赖。不是没了那辆车我就没法活！

练习5C　你的练习表：改变你的非理性信条（走向成功的第四步）

非理性信条	你可以拿来替代非理性信条 的更佳之选

第6章

如何在工作上不让他人
他物牵着鼻子走

　　对我们每个人来说，工作环境都因人而异，但我们都有被人或事牵着鼻子走的时候。有时候只是上司、同事或主管对待我们的方式让我们无法心平气和。有时候却是一个喜欢玩CYA（"掩护你的两翼"——这已经够近了）的上司，或刚愎自用的上司，或部门里最没有工作能力的人，或傲慢自大的独裁者，或优柔寡断的人让我们无所适从。也许是哪个主管或同事不在乎他自己的工作，但也不想让你做好自己的事。或者，也许是一名同事牵扯着你的神经：他的工作表现是不错，就是难以相处。

　　当你想到扮演操盘手的是"人"时，你会想到"难缠之人"类型，并且，这些叫你不爽的人又进一步细分为百事通，爱发牢骚的人，爱抱怨的人，袖手旁观的人，喜欢把他人玩弄于股掌之间的人，玩忽职守、懒惰、漠不关心、缺乏工作能力、吹毛求疵或冷言冷语、居高临下或傲慢自大、说三道四、麻木不仁、神经过敏、不合作或固执及凶

狠的人，受害者，变态和慢性子。这些只是从许多把我们逼疯的类型
中挑选出来的例子。希望我们一个都没遇上！

而有时候，把我们耍得团团转的是"事情"，比如上司不合理的
要求，枯燥的会议，头绪太多并且变来变去，繁重的工作，频繁的截
止时间，不明朗的前景，钩心斗角，工作不停地被打断，责重权小。
我们在工作上花的时间越来越多（据最新研究，平均每周超过 46 个
小时）。虽然我们对同事不像对亲人那样关注，但我们仍然希望得到
他们的尊重，肯定需要他们的帮助。正因为如此，同事成了潜在的木
偶操纵大师。在每个场合，从基层工作人员（秘书、职员、生产线上
的工人、技术不熟练的技工）到高层执行董事，以及位于这两类人中
间的员工，都有可能把我们每天的心情和行为搅得乱七八糟。关键就
看我们让不让他们这样做了！

这里有几种情形是我们有效理性训练讨论会上的员工提供的。你
可以看到这些人如何通过这四个步骤把反应过激置于控制之下。

滥竽充数

在你的部门，你跟另外五人的工作关系十分密切，但你无权聘
请、评估或解雇他们。你们中有一个叫吉姆的人常犯同样的错误，他
的工作总是滞后，本人还一副无所谓的样子。他实际上影响到了整个
办公室的效率和工作成果。在企业，这种人被称为"滥竽充数之人"。

步骤一　对此，我该如何感受和行动？

恰当的：对吉姆的行为既恼火又无可奈何，和别人核实你的观察
是否正确。

不恰当的：朝吉姆发火，厌憎，把吉姆说得一无是处，对他冷嘲
热讽，孤立他（不理他），讨论工作时不邀请他参加。吉姆在工作效

率上拖了你和其他人的后腿，因为这点，你挨了上司的骂，这令你情绪低落。

步骤二　我有哪些非理性想法致使我过分焦虑、生气、抑郁、愧疚和不合作？

a.关于自己，我如何看待？

"吉姆日复一日地犯同样错误，把工作弄得一塌糊涂，实在叫我恨得牙痒痒。但除了恨，我还能做点别的什么？我试过尽力帮助他。万一因为他拖累了我们所有人，导致我的考评低怎么办？（这太可怕了。他不该成为我们的负担！）

b.关于吉姆和其他同事，我有什么非理性思考方式？

"这家伙是无可救药了。他就是块废料，偏偏自己还不在乎（他应该在乎）。有脑子的话，他应该辞职。领导应该看到吉姆有多糟糕，应该有勇气解雇他，但偏偏领导不知道吉姆有多糟糕。这个蠢材！"

c.关于这种情形，我有哪些非理性思考方式？

"我夹在一个没有工作能力的人和一个毫不知情的领导之间左右为难。倒霉透了！这太不公平了！吉姆和领导不做好分内工作，任由事态朝愚蠢的方向发展，凭什么就该我认罚？"

步骤三　我如何反制和回击自己的非理性想法？

"吉姆老犯同样错误，还一点也不心虚，再加上，领导不处理他。可是，发怒能帮助我把问题解决或把他调教好吗？在别人面前诋毁他能改善这种情形吗？坐着不动，一个劲地抱怨领导是解决方法吗？他们就非得按我期待的那样行事不可？如果不是，我就非得很悲催不可？"

步骤四　我可以用何种更佳之选来替代我的非理性思考方式？

"我希望吉姆的工作能力强一点，希望他能更关心工作质量一点。

我对吉姆给我的工作及能力造成的影响极为关注，我最好想办法跟他谈谈，让他改变一下自己。如果不管用，我准备找个适当机会跟领导谈谈，不做过激反应，不谴责他是一个没用的领导，只谈他没处理好吉姆这件事。"

如果你把事情恐怖化和应该化，你有可能把自己整惨了，还让吉姆有了对付你的武器。你还有可能到领导那里去告他的状。还有可能玩一些阴谋诡计，让吉姆的日子不好过，逼他离开，或者想办法把他支到别的部门去。

如果你合理化地找借口，你可能让吉姆占足了你游移不定的便宜，而你只得忍受这种情形，束手待毙。

然而，如果你朝更佳之选方面思考，你不是直接找吉姆谈，就是找领导谈。面对吉姆时，你可以说："你老犯同样的错误（说出具体是什么错误），一直不改，影响了我的工作效率，我真的很担心。"

假如吉姆为自己辩护或麻木不仁，你可以说，"我理解人人都免不了犯错，但你的错误实在太多，以至于我们大家都不能很好地完成自己的工作。"

假如吉姆对你不客气，认为你一个跟他平起平坐的人凭什么对他指手画脚的，你可以说，"没错，我不是领导。但你做的事影响到你、我和其他人的工作。我想跟你一起做一些改进。"

假如吉姆丢给你一句："去你的！"你可以说："我宁可这只是我们两人之间的事，但如果你连讨论一下都不干，我就去找领导评评理。我宁可私下里把问题处理好，但如果你不干，我不打算坐视不管。我们还是私下解决好。"

这听上去虽然有胁迫之意，但你的确说了你想当场私了，但是，假如吉姆还是不干，你也不会怒发冲冠，一枪崩了他。这是一个一触即发的冲突场面，你可以看到，不让他牵动你的情绪有多重要，即当你跟他交锋时，你不至于生气地干掉他。你可以用强硬的口气说话，但不贬损攻击对方！

以下是工作上常常把人变成提线木偶的例子。读完后，找到实际生活中把你套进去的工作事例，依靠自己过一遍这四个步骤。现在开始！

因工作做得好而受罚

你工作效率高，工作上硕果累累。你的上司（在这个例子里是一个女人）给你越来越多的工作，你已经超负荷了。更有甚者，你看到办公室里其他人都悠悠哉哉，好不轻松。上司甚至承认给你这么多工作，是因为你能者多劳。

步骤一 对此，我该如何感受和行动？

恰当的：无可奈何、感到被人占了便宜，感到压力很大。

不恰当的：过分气愤和怨恨。动不动就对其他人发脾气，跟上司说话不耐烦，在家脾气暴躁，对工作不到位的同事极尽讽刺之能事，并向其他人说他们的坏话。因为做得不够好，没讨得上司欢心而恐慌。

步骤二 我有哪些非理性思考方式致使自己过分焦虑、生气、抑郁、愧疚和容易讽刺别人？

a. 关于自己，我有什么非理性思考方式？

"凭什么因为我工作出色就用更多的工作来惩罚我？我回家后累成了一摊烂泥。我不是机器，我不应该受到这种待遇！我的工作量超得太多了。这份工作把我变成了一个神经兮兮的人！"

b. 关于其他人，我有什么非理性思考方式？

"老板应该给别人多分配一点工作，他们做不好，就解雇他们。

她真应该听听我怎么说。万一我开口抱怨，她解雇我怎么办？这太可怕了！只要事情做完了，她可能根本不在乎我说什么。"

c. 关于这种情形，我有什么非理性思考方式？

"这不公平（本应该是公平的）。无论我做什么都无济于事。应该有所改变！"

步骤三 我如何反制和回击自己的非理性思考方式？

"我的工作比别人多，虽然这不公平，但我犯得上把自己气得半死吗？我的老板就必须分配均匀，还是我非常想要她公平一些？如果她不公平，我就必须变得神经兮兮的吗？哪儿有此记载说假如我受到不公正的待遇，就必须凄凄惨惨戚戚？"

步骤四 我能用何种更佳之选来替代非理性思考方式？

"如果老板把工作分配得更均匀一些当然就更好了。我希望她别把这当作能者多劳来看。她显然没必要非平均分配工作量不可，但我十分想要她这样做。我一定会找她谈一谈我的想法，不谴责她，不给她念'应该'经，不给她似乎我在发牢骚的印象。如果她表示理解，同意更好地平均分配工作，那就棒极了。如果她不买我的账，或漠不关心，我就将决定是否愿意在这种条件下继续干下去。"

这种情形再寻常不过，而且是一个可以列举的极好例子，因为有些人会在同样情形中轻易地找借口合理化。情况是这样的。

步骤一 对此，我该如何感受和行动？

恰当的：无可奈何。

不恰当的：回避，懈怠，拖拉。

步骤二 是什么非理性思考方式致使我麻木不仁、消极怠工？

a. 关于我自己，我有什么非理性思考方式？

"我真的不应该抱怨，这给人印象不好。也许我只是不够努力。我应该把自己的效率提高，这样工作就不会显得那么多。如果我在这儿干得好，我有可能加薪或者甚至晋升。我的老板重用我，我应该感到高兴。我要是说了冒犯她的话，我就完了。"

b. 关于其他人，我有什么非理性思考方式？

"我的老板多半太忙，没注意到我的问题。她的烦心事够多的了，我就不要给她添乱了。其他人知道我的工作堆积如山，或许会有人提出帮我的忙。"

c. 关于这种情形，我有什么非理性思考方式？

"也许这只是暂时的。我猜我们都干过义务劳动。也许情况很快就会有好转。肯定会有人做些什么的。"

步骤三　我如何挑战和对抗自己的非理性思考方式？

"虽然对方不容易接受，但我为什么不站出来声明自己的看法？我不公开声明自己的看法，事情会更糟糕吗？是我的老板真的很忙，还是我在回避一个不自在的场面？真的就艰难到我无法面对吗？不，只是难而已，我能处理得过来。我什么也不做，情形会改变吗？希望渺茫！"

步骤四　我可以用何种更佳之选来替代非理性想法？

"我希望老板自己想起来去纠正那些不公平的工作分配，希望其他人可能的话主动提出帮忙。把这么多工作摊在我头上，我十分担心，因为这已影响到我的工作质量。我要跟老板心平气和、不发牢骚地谈谈这个问题。避开困难局面不难，但长期避开肯定不行。我要把这个问题当着老板的面提出来，她做出任何反应我都不怕。"

在这种情形中念"恐怖"经和"应该"经可能会导致你对同事和上司不是讽刺就是抱怨，或一怒之下辞职而去。将事情合理化、找借口会让你一言不发，默默忍受，直到你陷入更大困境或冲动辞职。朝更佳之选方面想能使你不发牢骚、不抱怨或者不让自己像讨厌鬼一样跟上司讨论问题。

一旦放弃非理性的思考方式和坐卧不安的感觉，你就可以这样对上司说，"你给我的工作比给别人的多，超过了我力所能及的范围，我发现自己无法保证质量，并且，要按时完成，压力实在太大，我十分担心。看到别人没我这么忙，我心里也不痛快。我理解也感激你相信我能把工作做好，但我真想看到工作分配得更均匀一点。"

你也可以用坦率、客气（不是谴责或讽刺）的口吻请求同事帮你的忙。如果双方（上司和同事）都不买你的账，那么，下一步就看你的了。无论你做什么，你都可以不让自己不开心，即使遭到上司不公平的待遇。

这可是大事

你在外间办公室等待一场非常重要的工作面试。得到这个职位意味着更高的工资，巨大的提升机会，以及富有挑战性的、更加有趣的工作。你知道还有另外两名决赛选手。这是一生中可遇不可求的机会！

步骤一　对此，我该如何感受和行动？

恰当的：担心，决心在第一次面试里尽力而为。

不恰当的：极其焦虑。腿抖个不停，汗流浃背。

步骤二　我有哪些非理性思考方式致使我过分烦躁、生气、抑郁或愧疚？

a. 关于自己，我有什么非理性思考方式？

"万一搞砸了怎么办？万一说了什么冒犯的话还不自知怎么办？万一没机会展现我的长处怎么办？万一没得到这份工作怎么办？万一得到了这份工作怎么办？"

"我非得到这份工作不可！要是没得到就太恐怖了！我必须行动起来，打败那两名决赛选手！看我这样，哆嗦得像片叶子。我就知道自己会搞砸。我不应该表现出紧张！妈妈是对的：我一事无成！"

b. 关于其他人，我有哪些非理性思考方式？

"万一面试官匆匆下结论怎么办？万一他早有内定人选怎么办！万一他问的都是答不出来的问题怎么办？万一他真的很古怪怎么办？万一他对我有偏见怎么办？那就太可怕了！"

c. 关于这种情形，我有什么非理性思考方式？

"我就是讨厌面试，假得很。你不可能那么快就了解一个人。面试压根不该成为聘任程序的一部分！太荒谬了。我才不在乎会不会得到这份愚蠢的工作呢！"

步骤三　我如何挑战和对抗自己的非理性想法？

"这的确是一个绝佳的机会，但我没得到就会死吗？把这件事灾难化能帮我得到这份工作吗？难道在面试中不能有丝毫紧张就是最起码的要求吗？即使面试的局限性很大，并且流于表面，但能找到取消面试的理由吗？我能做到尽力而为，一举拿下面试吗？"

步骤四　我能用何种更佳之选来替代非理性思考方式？

"我想要面试成功。我非常想得到这份工作。假如得到了，那就太棒了；假如得不到，我会非常失望，但不会惊恐不安。我希望从这次面试经历中学到点东西，但即使什么也没学到，那也不是世界末日。除非我沉醉于给自己念'恐怖'经和'应该'经，不然的话，我不一定非垂头丧气不可。我对面试这种事很不以为然，但我可以做到不过激反应、随遇而安。"

假如你在外间办公室念"恐怖"经和"应该"经，你可能会坐立不安、胡乱翻着杂志（恐怕杂志都拿倒了）。在面试过程中，你可能洒了他们给你的咖啡，或和面试官握手时，手指戳到了对方的肚子上，或当他问你一个简单问题时，你头脑突然一片空白。面试刚一结束，你就想起 20 个你应该说出来的观点。假如你使劲合理化地找借口（"那又怎样，谁在乎呀，好像多大的事似的。"），你可能保持矜持或冷漠的态度，就好像你真的不在乎，其实你所做的一切努力就是用"冷淡"来掩盖你的焦虑。

朝更佳之选方面想，你也许仍然会焦虑，但能把焦虑程度降低到这个水平，即回答问题时头脑清醒、口齿清楚、积极主动。考官们也许会对你"留下的印象"做出反应，但也会对你所说的做出反应。降低内在焦虑比从外表掩盖焦虑更有意义。朝更佳之选方面想可以把焦虑降低到非恐慌及收发自如的水平。

发牢骚的人

你工作组里有两个人，不停地对任何事抱怨发牢骚。两人互相切磋，还想把你和其他人拉进他们的消极态度里。他们在你面前把每个人都贬损一遍，你知道他们在其他人面前也说你的坏话。他们浪费大量时间，常让整个小组无法安心工作，把其他人弄得心烦意乱，创造了一种消极负面的工作气氛。今天，两人中的一个第四次找到你（你正在设法做完自己的工作），"别干了，先听听他们要求我们做什么吧！"你终于忍无可忍！

步骤一　对此，我该如何感受和行动？

受够了，恼火，厌恶。立马准备不容置疑地说出来我对他们的看法，暴走。

步骤二　我的哪些想法致使我极度烦躁、生气、抑郁、愧疚和疾恶如仇？

a. 关于我自己，我如何想？

"我再也受不了啦！我一分钟都听不下去啦！我只是想把工作做好，这两个混蛋就知道坐在那儿向所有人发牢骚，就是要把我逼疯！"

b. 关于其他人，我如何想？

"发牢骚、怨声载道、呻吟、说坏话。这就是他们一直做的事。不应该由着他们这样胡说八道！怎么都是一群呆子？"

c. 关于这种情形，我如何想？

"这是一个令人感到恐怖的工作环境！我恨死了！我都不想来上班啦！这种牢骚和恶意攻击应该是非法的。必须制止！"

步骤三 我如何挑战和对抗自己的非理性思考方式？

"这两个人的确很多时候都在抱怨发牢骚，但他们真能把我逼疯吗？还是他们这样做时，我把自己逼疯了？即使我的确不喜欢这种情形，我就真的无法忍受吗？跟他们斗气从长远角度看，真的就能让他们闭嘴吗？会不会有更好的办法？"

步骤四 我可以用何种更佳之选来替代自己非理性思考方式？

"我想要他们别老是抱怨发牢骚，别把气氛弄得那么消极。我要他们知道他们对小组的影响，我真的想要他们知道，听他们发牢骚是多么令人恼火的事。但假如他们不改，我完全可以对他们视而不见，我可以让老板知道这个情况，我也可以直接找他们谈。假如这都行不通，就找一份工作环境好一点的工作吧。"

这是一个极好的例子，因为抱怨之人的行为理应不讨喜，遭人嫌弃。假如你一味地把事情恐怖化和应该化，你可能发飙，把事情弄得更糟。发牢骚者能把你玩弄于股掌之间，你会跟他们一样只发挥负面效应，真的给了他们可以向他人发牢骚的把柄。然而，如果你朝更佳之选方面想，你可以找他们谈，但不攻击他们。你说的只是："你不停地抱怨这里的一切，我感到跟你说话越来越没劲，觉得挺没意思的。我愿意跟你聊天，但我想要你讨论，而不是抱怨。我喜欢解决问题，而不是消极怠工。你能为我做到这点吗？"

老实说，你可能得到各式戒备、推诿、更多牢骚或甚至伤人的反应。不过，也可能得到听进去了的反应。无论你得到的是什么反应，你对这种情形都处理得不赖，没让他们牵动你的情绪。另一方面，他们虽然罪有应得，但把怒气撒在他们身上，远没有让你真正从容淡定那么有价值（或大快人心）。在以上的事例里，你能有效地提出批评而不是谩骂谴责。这真的值得一试！

查看第 2 章练习，找出更多的受制于人或事的情形，及你的不同反应（取决于你如何看待这些人或事）。

练习

练习6A　改变情绪及行为过激，改变你在工作、商务和专业上的非理性思考方式

这些练习使你在发现和改变你的情绪及行动过激、非理性信条方面（在工作、业务和专业上）得到训练。先设想一个具体的相关情形，在此情形中你有可能过激反应。然后，鉴定你在当时的非理性思考方式。

练习6A　练习表示例：发现情绪及行为过激，改变你在工业、商务和专业上的非理性思考方式

具体情形	你的情绪及行为过激	你当时的非理性思考方式
工作没做好，遭到上司或主管的批评。	羞愧，烦躁，抑郁，翘班，躲开上司。	我不擅长做这些，我根本不可能做得更好。我要进修深造，否则会被解雇的。这太可怕了。

| 工作做得不赖，却遭到上司或主管不公正地对待。 | 极度愤怒，对你的上司或主管恶言恶语。（随后对自己的过激反应感到愧疚。） | 那个没用的主管！她怎的就那么蠢！她不应该这样不公正地对待我！我可能会杀了她！（接着："我不该发这么大的脾气。"） |
| 你治下的员工翘班，还赖账。 | 由于他们赖账而对自己极度生气。对翘班的人暴怒。 | 我对他们这么好，他们竟然还要翘班！这帮忘恩负义的混蛋！也许我对他们太仁慈了，我绝不应该再这样对待他们了！我真没用，都是我不好。 |

练习6A 你的练习表：发现情绪及行为过激，改变你在工作、商务和专业上的非理性思考方式

具体情形	你的情绪及行为过激	你当时的非理性思考方式

练习6B 练习表示例：改变你在工作、商务和专业上的非理性思考方式

非理性信条	反制和回击你的非理性信条
我就是不擅长做这件事。我将来仍做不到更好。我应该进修深造，不然肯定保不住自己的工作。这太可怕了！	我不是十全十美，但可以越做越好。我只要持之以恒，就能够做得更好。我不一定非要做得更好不可，我只是想做得更好而已。如果我做不到更好，并不意味着我就会被解雇。这是一件倒霉的事，但不可怕、不恐怖！只是心里非常不痛快而已！
那个没用的主管！她怎的就那么蠢！她不应该这样不公正地对待我！我！我可能会杀了她！（接着："我不该生气并这么唠叨。"）	主管不公正地批评我，很憋屈，但这并不意味着她就是一个坏人。她用这种方式对待我不对，但她是人不是神，是人就有权利犯错。我对她的行为不感冒，但我不恨她本人。我可以不怒发冲冠地跟她讨论这一点。
我对他们这么好，他们怎么还要翘班？一帮忘恩负义的混蛋！也许我对他们太客气了，我应该更狠一点！我真没用！	他们翘班了，我感到很讨厌，但他们也不是这样做就成了十恶不赦的混蛋。我会在这一点上约束他们。如果我采取的行动力度不够，我最好停止这样的行动。但我不停止也不见得就是一个怯懦的人。我来想想如何加大力度。

练习6B　你的练习表：改变你在工作、商务和专业上的非理性思考方式

非理性信条	反制和回击你的非理性信条

第7章

爱人是终极操盘手

婚姻关系多半最难成为长盛不衰、健康幸福的关系。有时候婚前婚后判若两人。许多夫妻一开始都对对方现在和将来的人品抱有美好的愿望。这可以理解，毕竟你们处在热恋中，不能完全准确地看清对方。这没什么！

当不可避免的不同之处、冲突、问题、分歧出现并要求你不得不解决时，这才有了真正衡量婚姻是否成功的尺度。你们两人如何解决意见、价值观、需求、偏好、生活重心上的分歧，这是关键因素。假如你或你的爱人不能或不愿讨论这些，假如动不动就觉得日子没法过，假如两人中有一人吃不得一点亏，麻烦就来了。

假如爱人把一个问题恐怖化，把另一个问题应该化，或为了避免一个行动、为了捍卫一个行动或为了证明一个行动而合理化、撒谎抵赖，那么，这就成了致命的硬伤。烦心事、冲突、不同之处、分歧始终在任何关系里存在。没错！但假如在解决过程中，夫妻寸步不让、霸道好斗、玩弄人于股掌之中、恶言恶语（或者优柔寡断、顾左右而言他、麻木不仁），那么，两人中肯定会有人被坏情绪所左右，至少，会有人把事情恐怖化、应该化或者合理化。

人们经常性地对对方逐步失去喜爱和敬意。似乎感情在枯萎。实际上，是我们让感情枯萎，是我们让感情在忽视中流逝。我们要么不去理会真正需要关注的事，要么放弃尝试。每一次的放弃都意味着失去一点的喜爱和敬意。有些夫妇表面上是对对方厌倦了（看他们在饭店里吃饭，就像一个在火星上，一个在金星上似的），他们只是走过场，把这项活动纳入他们的日程安排而已。也许他们从工作、孩子、嗜好、朋友——或情人那里得到真正的乐趣和刺激。这肯定不对劲！

利奥·布斯卡利亚在《新娘杂志》（信不信由你）一篇短文章里列出良好关系的 5 个基本要素。我们想在这本书里重述这 5 个要素，针对每一个要素，附上我们自己的评论。

要素 1 第一，是交流。这不说大家都知道，但我们喜欢布斯卡利亚对他心目中什么是交流的那番描述。只要你愿意、能够讨论问题（而不是吵架、强辩、抵赖、挑衅），你就有摆平问题的机会。假如你们只是吵架，不是在交流，那么对话一结束，关系也就跟着枯萎了。

要素 2 第二，你有幽默感吗？布斯卡利亚不是说你每晚进门就该讲一个新笑话。（"你听过推销员和 3 只鸡……？"）他的意思是别太把自己当回事儿。你敢嘲笑自己神经过敏、吹牛不打草稿、小题大做吗？是不是什么事都非得按你的意思办？是不是你的话就是圣旨神谕？你是不是做什么都只顾自己？是不是太在乎别人怎么看（形象重于内涵）？是不是拼了老命也要把自己整出一副高大上形象？

我曾经连续两天阅读《飘》和《热铁皮屋顶上的猫》。郝思嘉·奥哈拉（贯穿整个故事）和叫玛吉的猫（一开始）就是极好的例子，充分说明了我所谈到的，而且大爸爸雷特·巴特勒、他的妻子、他的两个儿子和他一家人也很能说明问题！他们在不同时期都陷入了妄尊自大的境地，结果过得一点都不开心。你千万不要效仿他们！但你也无须走另一个极端，忍辱负重，夹着尾巴做人，把自己看得一钱不值。平衡点就在中段！

自信和谦逊正是我们谈论的议题。约翰·伍登教练（加州大学洛杉矶分校名人堂）有一句名言："重要的是你完全知情后所学到的东西。"电台明星保罗·哈维说："参加你的葬礼的人数将是那天天气的函数。"这就是谦逊！

要素3 接下来就是付出。你真的对这份感情很投入，还是仅仅处在这层关系里？人们经常引用火腿蛋早餐来做类比，因为这个类比捕捉到了"某种程度上"在恋爱中和付出之间的差异：鸡参与了，而猪付出了。付出指的是你定期做出最大努力，以便于把关系调至最佳状态。这也许能成，也许成不了，但无论是什么结果，你都可以无愧于心地说：我尽力了。

老实说，我们认为社会对感情上的微付出已逐步形成了一种宽容的态度。不同的人适合不同的相处方式，选择面越宽越好。但如果你的确处在一夫一妻制的婚姻里，那么重要的是，要么保持下去，要么老老实实地努力经营后好聚好散。人们为自己不尽心尽力经营婚姻找出成百上千个理由，但其实都说不通。

人们破坏婚姻承诺有诸多原因（除无爱之外）。有些人一直想证明自己魅力无边、身价不菲，似乎这能使他们感觉良好（害怕被拒绝）；有些人毫不顾忌他人，只要求满足自己的需要，不管这会给别人带来什么影响；还有一些人，例如那些具有低耐挫性的人会发现努力维护复杂的感情很难，落跑容易得多。有时候，婚姻上的背信弃义也是人品不好造成的，用诸多的不赞成和自圆其说来为自己的行为找借口。

微付出也会以其他形式表现出来：聚少离多，交流不畅，微分享，中立区，互相蔑视，厌烦，操控，等等。我们看到太多人的爱情起始于美好愿望和火热激情，到头来却是逐渐枯萎。保持爱情长盛不衰是要付出努力（不是苦差）和关注的。爱情不会自燃不熄。这取决于相爱双方每一天、有时候在一天里是否从态度、情感和行为上付出。⊖这不是说不能有冲突，或者不是说摩擦根本不存在。付出就是化解矛盾、疏通交流和相敬如宾。你们真正付出多少是由你们每天的相处模式来规定的。

要素4　布斯卡利亚有关成功爱情的第四个要素是灵活性。主意多多、反应丰富多彩是好事。事实上，越多越好。但你能听听对方的意见吗？当你的主意站不住脚时，你能从不同的角度看问题吗？你是不是输不起，非要跟人争出个子丑寅卯？有时候，你可以能屈能伸、妥协讨好吗？你能不把讨论变成斗嘴吗？你不赞同的语气能否不要那么冲，不要让人感到在你眼里任何事不是黑即是白？或者，你有没有努力把话说得有理有据，争取相互谅解？

要素5　最后，你们相爱并尊重对方吗？你们有没有每天关心对方并让对方知道？

我的同事特里·保尔森讲了一个电视节目里的故事。这个节目叫"新婚夫妇游戏"，但针对的是结婚20多年的夫妻。给这个女人的制胜题是"在过去的6个月里，你丈夫对你说了多少次'我爱你'？"她立刻十分肯定地回答："一次也没有。"节目主持人大笑，节目继续。这个女人的丈夫被带上来，看是否与他的妻子口径统一。当这个女人

⊖　不幸的是，流行电视剧《带着孩子……结婚》（*Married ... With Children*）大概是过分夸张了，因而"太好而不真实的"，还有像《奥齐和哈利特》和《把它交给海狸》这一类的电视剧。令我们疑惑的地方是，没多少人会真的将这种模式当成现实生活。

的丈夫被问到这个问题时，他也立刻回答："一次也没有。"他们赢了这轮游戏！祝贺他们后，主持人说："我只想问你们一下，你们的意思是说半年都没说过一次'我爱你'？"妻子说："他20年没说过了。"丈夫说："没错——结婚时我对我老婆说了'我爱你'，但如果我变心了，我会让你知道。"我们听到许多人（特别是男人，但女人也不例外）说："她知道我爱她，用不着说出来。"天哪！如果你想要感情长盛不衰，你最好常把"我爱你"挂在嘴上，并用实际行动表达出来！

同样重要的是相敬如宾。你们有没有用嫌恶、不以为然、嘲弄的神情或侮辱人的语气、暗讽的评论或冷漠（不经意地或公开地）贬损对方？你的一个眼神、一种语气就能轻松地给爱人念上一段"应该"经，跟你说出的话效果一样。

如上所述是利奥·布斯卡利亚信奉的5点要素，仅给予这些要素以关注，距离使感情固若金汤还有很长一段路要走。但这些要素不是眨眼工夫就具备了，不是吗？事实上，我们中大部分人都希望这5点要素在我们身上浑然天成，收发自如。但相反的是，我们放纵自己那些神经病想法，与我们的初衷背道而驰；我们放纵自己把人或事恐怖化、应该化、合理化。我们太在乎别人怎么看待我们，以至于我们不是隐忍不发，就是总想着要赢。（但这些做法都是基于缺乏安全感。）

假如你非得靠贬低别人来抬高自己不可，假如你常常吹毛求疵或（相反）害怕跟他人意见不合，你知道这对交流有多大影响吗？就看看阿奇和伊迪丝吧！不是没有交流，就是吵个不休。假如你害怕被拒绝，你是不是常把自己太当回事了，甚至都没法用幽默感打掩护？害怕被拒绝、害怕失败、低耐挫性和怨天尤人究竟给交流造成了什么影响？这些困扰常使你觉得落跑比承担义务、敢于尝试来得更容易一些。但这真的就更容易一些吗？

当你忙于担心别人对你的看法，当你害怕失败或放纵自己的低耐挫性，放纵自己怨天尤人，你又如何能灵活机变、探讨矛盾、站在别人角度看问题？当你把这些神经病想法恐怖化、应该化和合理化时，你又如何能敬爱他人（或敬爱自己）？这根本就不可能！

利奥·布斯卡利亚的5点要素是5大成果目标。要想达到这些目标，需要改变你在具体情况中的思维方式，这样你就不会放纵于念"恐怖"经、"应该"经或"合理化"经，而是朝更佳之选方面思考。

我们挑选了几个典型情形，在这些情形中，你有可能过激反应，让别人成了你情绪的操盘手。

当众给你难堪

你（假设你是一个女人吧）在家长会上，你们是一群热心为学校出力的家长。发言人为明年橄榄球教学计划寻求帮助。你主动提出愿意带头做这件事，你的丈夫立刻用大家能听见的居高临下的口吻说，"得了，亲爱的，你对销售宣传、布置会场一窍不通。还是让有经营头脑的人去做吧。你太自不量力了。"让我们假设他的话真的叫你失态了。

步骤一　我不恰当的感受和行动是什么？

气得发疯，极端沮丧，感到很没面子，当着大家的面回敬他难听的话，使大家陷入片刻尴尬，开始感到对主持这件事没底儿，一回家就有他好看（最好在车上！）。

步骤二　我有哪些非理性思考方式致使我极度烦躁、生气、抑郁、愧疚？

a. 关于自己，我如何想？

"万一他说的没错呢？万一是我眼高手低呢？万一我接了这差事真的办砸了呢？这太可怕了！（我应该能把这份差事办得跟其他人一

样好，或比别人更好！）人人都听到了他怎么说。我难堪极了，真
想死！"

b. 关于他人，我如何想？

"他怎敢如此叫我难堪，如此贬低我？如果他真把我看得这样低，
就应该不吭声才对！他为什么总瞧不起我？他太不体谅人了！我要是
这样说他，他肯定不喜欢，这个混蛋！万一他们不要我主持这项工作
怎么办？"

c. 关于这种情形，我如何想？

"我该怎么办？如果我退缩，我就得不到这份差事；如果我非要
不可，他们可能会不要我。就是他不好，全搞砸了。（本来没这么多
麻烦！）"

步骤三 我如何挑战和对抗自己的非理性思考方式？

"他显然不相信我能做这件事，但我真需要他的首肯吗？不！他
在众人面前驳我的面子就真的那么令人感到羞辱和痛苦吗？还是我自
己让这成为令人感到羞辱和痛苦的事！我应该回敬他难堪吗？他活该
被反唇相讥吗？这有助于改善局面吗？不！我非要众人支持不可吗？
我非得只许成功、不许失败吗？不！如果我得到这份差事，非得证明
非我莫属吗？不！"

步骤四 我能用何种更佳之选来替代非理性思考方式？

"我想要他对我的工作能力更有信心，但也不是非这样不可。我
感到失望、担心，如果他真的对我没信心的话，我也没被吓倒。我希
望他对我有什么不好的看法非说不可时，只在我们两人中间说说。我
尤其不喜欢他居高临下的口吻。我想要他无论持有什么看法，依然尊
重我，给我面子。如果他做不到，我也不会攻击他或失去镇静。我可
以表达自己的担心，让他知道我的感觉，不吵架，只跟他谈。我可以
不过激反应，但让他知道我不高兴，对他这样做表示遗憾。"

如果你当即勃然大怒，就像他已对你做过的那样，当众向他发难："你可能认为我太自不量力，但别人并不一定这样认为。你为什么总是摆出高高在上的样子？你不是天才，偏偏还喜欢把别人贬得一钱不值。你这是嫉妒吧？也许你害怕我成功，会显出你没用。"

即使你的评论是正确的，当众吵架于你也无丝毫好处。另一方面，假如你把他的话合理化，你可能认定自己无法胜任这份工作，可能认定他说的是对的，他的用意是好的，而你不会再提出愿意主持这项工作。

然而，如果你朝更佳之选方面想，你可能当时悄悄地说（无讽刺口吻），"你只管不以为然好了，但我相信自己能做好，我无论如何都得试一试。"然后，坚持毛遂自荐做委员会主席。随后，仍然不当着别人的面对他说，"你说我太自不量力，当众打消我想当主席的想法，你这样做是让人不信任我，贬低我，我很不喜欢。我们也许对我是否胜任这项工作难以达成一致意见，但我觉得最好私下里谈，你也不要摆出居高临下的姿态才好。"他或许矢口否认，或许承认自己做得太过分了。他无论是什么态度，你都可以继续不动声色地跟他讨论这个问题。他的所作所为叫你失望，叫你伤心，这是情有可原的，但你可以不反应过度地表达出来。这不容易，但你能做到！

不要糟践我

你的爱人十分得体地说，一旦你不赞同某事，就喜欢说话时冷嘲热讽，拉开架势吵架。听此，你立马换上讽刺的口吻，不争出个子丑寅卯不罢休。

步骤一 我的感受和行为是多么的不恰当？

咄咄逼人、拒不承认。你要对方拿出具体例子，然后把每个例子都驳得体无完肤。你反唇相讥，谴责她太神经过敏。你们什么都没谈拢，最后你拔腿走人，愠怒。

步骤二 我有哪些非理性思考方式致使我过分烦躁、生气、抑郁、愧疚或行为欠妥？

a. 关于自己，我如何想？

"我才不是百般抵赖呢，我无可指责。我只是说出真相而已，往往真相就是不容易被人接受。太糟糕了！我不应该受到指责，我不是一个内心很强大的人！"

b. 关于他人，我如何想？

"她就是想吵赢。她不喜欢吵架的紧张气氛，那是她的事。她一直试着把我变成一个唯唯诺诺的人。我恨她小题大做，还想让我看上去像个变态。别再烦我了！就她唠叨个不停！"

c. 关于这个情形，我如何想？

"这是一个笑话，我不需要矛盾激化（压根就不应该吵起来）。凭什么她就是跟我过不去！"

步骤三 我如何反制和回击自己的非理性思考方式？

"为什么她批评我就是一件可怕的事？我必须是对的吗？难道她没有权利说我？我非得不依不饶，反过来攻击她不可吗？哪儿有证据表明这种矛盾激化不应该存在，表明不该由我来承受？"

步骤四 我用何种更佳之选来替代非理性思考方式？

"我更愿意不被批评，但挨了批也不可怕，没必要斤斤计较。我可以议议这事儿，表示同意或不同意，没必要恶言恶语。说实在的，我倒想继续说一些讽刺的话、不依不饶、咄咄逼人，因为这一招在意见相左时很管用，但不要这样更好，因为从长远看，对我们的感情没好处。我也不需要用这种方法来保护自己。我的确想在每次不同意见中胜出，但没必要不惜代价。"

这种思维方式帮助我们质疑自己的"自然"反应（提防别人），这种戒备心导致我们行为失常，只会带来更多麻烦。想要不受威胁地思考当时的情形，更佳之选就提供了可选择性的路径。没人喜欢被批评，但有些人认为错误是重大危险，是不惜代价也要避免和否认的。更佳之选挑战这些深层次的神经病想法，并用更健康的想法取而代之。于是，我们可以虚心接受中肯的批评，冷静讨论那些我们不以为然的批评意见。

假如你对爱人念"恐怖"经、"应该"经，就可能偏对她说的话锱铢必较、冷嘲热讽；假如你合理化，可能不是为自己的行为找正当理由，就是不理会对方。但是，如果你像步骤四所描述的那样朝更佳之选方面想，你会说，"你是对的，我没必要较真或冷嘲热讽。有时候我只是不知不觉地这样做了，但这不是借口。即使我非常不喜欢你说的话或你做的事，我还是会注意，不再较真或嘲讽。"于是，真的在下一次改变思维方式，努力不针尖对麦芒地斗。

处理批评的同一情景也可能反向出现。你向爱人表达了你认为是中肯的批评，对方却十分抗拒，你十分气愤。（假设此处你是一个女人吧。）虽然事情不是由你而起，但我们看到了你是如何深陷其中，成为问题的一部分的。

逆转：以彼之道还彼之身

你认为能跟爱人讨论冲突和不同意见是很重要的。但是，每一次你这样做时，他就无一例外地锱铢必较、冷嘲热讽、跟你对着干。这已经不是讨论，而是一场他非赢不可的辩论赛。你试着跟他谈谈他这种咄咄逼人的态度，他说，"怎么着，又来了。你怎么就不能不理睬我的讽刺？你为什么总是小题大做？不是每个人跟你一样完美。我有感情，这就是我表达感情的方式。你只是要我变成你，一个机器人。你老是想改变我、操纵我。另外，你怎么什么事都要谈谈，谈谈？看淡点，别老是分析来分析去的。"

步骤一 我的感觉和行为是多么的不恰当？

在极度愤怒、沮丧、抑郁、受伤的情绪中天人交战；在发作、放弃、哭泣中煎熬徘徊。

步骤二 我有哪些非理性思考方式致使我过分烦躁、生气、抑郁、愧疚或行为欠妥？

a. 关于自己，我如何想？

"我没必要听这些鬼话！他就知道忽悠人！我不能让他得逞。我不能忍受他避重就轻、反过来说我的不是！"

b. 关于他人，我如何想？

"这个混蛋！他要把我逼疯（他不应该这样！）。他嘴上吃不得一点儿亏，即使是大实话，只要是批评他的，他一句都听不进去。太幼稚了，他就是个长不大的人！他发一通脾气，就是为了谁都无法深究下去。我早看透了他。可恶，这一回他别想过关！"

c. 关于这个情形，我如何想？

"这令人感到好挫败！我们对事情闭口不谈，情形又如何能变好？绝望！这不公平，都是他不好！"

步骤三 我如何反制和回击自己的非理性想法？

"他现在这种态度（嘴上不服输）正是我要找他谈的，但是，我有必要过分生气，恶语相加，跟他吵起来吗？不！他喜欢吵架，难道他就成了混蛋、小人、长不大的孩子？不！他避重就轻的时候，我能忍受吗？是！我在这种情形中感到气愤正常吗？是！我有必要反应过激吗？不！"

步骤四 我用何种更佳之选来替代非理性思考方式？

"我想要他不冷嘲热讽、没有敌意、自觉自愿地跟我讨论我们之间的不同意见和冲突，但他也不是非要这样不可。我需要他跟我相敬如宾，不要忽悠糊弄我，不要曲解我的话，但他真要忽悠我，顾左右而言他，我也能忍受。他现在这副冷嘲热讽的架势叫我十分关注，但并不是糟糕透顶、可怕恐怖的事，我不必大发作，导致自己行为失常。我不喜欢他的为人处世，我没必要效仿，或干脆不闻不问。我可以继续告诉他我的感觉，告诉他，两人不吵架对讨论敏感问题是非常重要的。"

这种现实的思维方式甚至不能解决基本问题，但能保证你不成为问题的一部分（无论你是发脾气还是放弃尝试）。假如你真的为讨论做出种种尝试后，仍然得到的是嘲讽、不依不饶、争吵不休，你可以开始不自欺欺人地考虑这份感情究竟有多重要，在没有得到改善的情况下，你是否愿意继续下去。无论做出何种决定，你不会因给自己和对方念了太多的"应该"经而抑郁愤懑。

如果我们想推测你的爱人为什么喜欢讽刺人，会有成百上千种"心理学上的"解释。有人（包括心理医生）偏重于如下这样的解释和推测。

- 他害怕讨论问题，因为他可能会输了这场逻辑性的讨论，而这证明他是个傻瓜。
- 他争强好胜，喜欢支配人，本质上缺乏安全感，出不得一点错，自卑而不自重。
- 他就是龌龊变态，别人不开心，他就开心。
- 他父母训练他上厕所的方法不当。
- 他总是跟权威过不去。
- 他有意把日子过得一团糟，这样的话，跟别人勾搭成奸就成了不得已的苦衷。

• 他有许多心理问题，等等，等等。

• 老实说，就是一个郝思嘉！

虽然感情经常包含潜在的冲突，假如你自制力不够，放任伴侣操纵你的情绪，你根本无法讨论这些冲突，更不用说解决这些冲突。你忙着打挑高球，只不过用的是手榴弹。再者，加剧这种局面恶化的"潜在"问题最有可能是害怕拒绝和失败、低耐挫性、互相指责。

在类似刚才描述的场景里，你（还是一个女人）有可能用合理化来做出反应。事例如下：

也许是我不好

步骤一 我的感觉和行为是多么的不恰当？

极度愧疚、混乱、烦躁。放弃，为自己乖戾的脾气抱歉，到另一个房间哭泣。

步骤二 我有哪些非理性思考方式致使我过分烦躁、生气、抑郁或愧疚？

a. 关于自己，我如何想？

"我也许太苛刻了。我又有什么权利去改变他。我期望值太高。我可能只是情绪不好。我不应该只看坏的一面。"

b. 关于他人，我如何想？

"他没那么坏。他可能心里装着太多别的事，不想我再给他添乱。他说我喜欢分析来分析去没错，难怪他对我不以为然。"

c. 关于这个情形，我如何想？

"我真不该挑事儿。这下子他要气一晚上了。我怎么就不能闭上嘴巴呢？避开这种情形比改变情形容易多了。"

步骤三 我如何反制和回击自己的那些合理化？

"我是真的太苛刻，还是只合理地请求讨论我们之间的分歧？真的是我的期望值太高吗？难道他没有权利拥有自己的感情？我有权利要求他改变自己的行为吗？真的仅仅是放弃、避开这种局面就更好吗？"

步骤四 我用何种更佳之选来替代那些合理化？

"我想要他不带讽刺地、自觉自愿地讨论我们之间的分歧，如果他做不到，这只是一件令人头痛的事，但并不可怕。我想在不激起他戒备抵抗的情况下跟他谈谈不要那么防人像防贼似的。如果他一如既往地咄咄逼人，争个不休，那么，这令人感到十分挫败。我对这点非常关注，但我不必逃开、放弃或说服自己不再管这事儿了。我决心义无反顾，在不责怪他或自己的情况下继续让他知道我的担心。我关心他对我的感情，不愿因为他不喜欢我说的话而放弃这种关心。

在这种情况下，你不会大发脾气，不会哄骗自己保持沉默或责怪自己激起了对方的戒备反感。相反，你会心安理得地发表你的看法。

如果在这种情形里对他念"恐怖"经、"应该"经，你可能满怀戒备地跟他较真，为他如此好斗找出诸多恶意的理由，然后不断灌输给自己，从此，夫妻大战就拉开了序幕。如果念"合理化"经，你可能闭口不谈，放弃，一走了之，闷闷不乐。如果朝更佳之选方面想，你会说，"我知道讨论分歧不是一件愉快的事，但我们可以求同存异，犯不上为此吵架。你一旦变得锱铢必较、冷嘲热讽，我们就扯远了，偏离了问题本身，也就根本无法解决问题。我知道你有感情，我也不例外。我觉得我们可以不冷嘲热讽、锱铢必较地表达这种感情。你觉得呢？"

假如对方没意见，那就太棒了！你正朝成功的道路迈进。然而，假如他继续冷嘲热讽、横竖不买你的账，你可以这样说："你到现在还要讽刺人，给人感觉你不想和和气气地过日子，只想吵架，我很担心。我不想跟你吵架。"

假如情况越来越糟，你可以这样结束："我们谈不拢，我就不想再说了。我想我们之间的问题很严重，我不想视而不见。我们就求同存异吧。"你没有达成一致意见，或取得谅解，但你在持续的抵赖面前没有过激反应，这对你来说就是好事。记住，如果你只是外表若无其事，内心煎熬无比，不知不觉中，"恐怖"经和"应该"经就会渗入你的思想里。

你可以靠不断思索步骤四中的更佳之选来阻止自己的内心煎熬。如果你不断用适度的态度面对爱人的行为，有可能改善关系。如果你尽管努力了，但还是未见成效，你可以开始考虑这个问题究竟有多严重，什么样的行动是最适度的：保持关系（但把冲突最小化），为你们两人寻求心理咨询，还是一刀两断（假如糟糕到不可收拾的地步）。不管怎样，你知道在整个过程中，你好好努力过，没有反应过激，没有让他在情绪上牵着你的鼻子走。

善妒的人

你的妻子出差好几天了（全美销售大会）。虽然每天晚上你跟她都通过话，但你在其他时间给她打电话都没有回应。你知道在这类会议上会发生什么。她进屋了，累得差点没像狗一样吐舌头，这之前，她忙了一整天，偏偏飞机还晚点了。可是，你已经酝酿了好几天的情绪等不及要爆发了，如果是这样，那么只有以下一条出路。

步骤一 我的感觉和行为是多么的不恰当？

嫉妒得发狂，焦虑，很受伤，愤怒，缺乏安全感。我劈头盖脸地说她一通："你这回玩得开心了？多少销售员对你有意思？我往酒店打了三个电话，你都不接。在外面转？别担心，孩子们跟我在一起好得很。老实告诉我，这些人在会议上吃你的豆腐，你还真是乐在其中？"

步骤二 我有哪些非理性思考方式致使我过分烦躁、生气、抑郁、愧疚或行为欠妥？

a. 关于自己，我如何想？

"万一她爱那些名人胜过爱我怎么办？万一她认为我乏味无趣怎么办？这太可怕了！这太恐怖了！我怎么就这么没用！"

b. 关于他人，我如何想？

"我知道那些卑鄙小人是什么样子。他们勾搭别人就为了证明自己有本事，来满足他们的自恋。他们表面装出一副温柔体贴的样子，内心里鬼祟龌龊。她万一喜欢上这种人跟对方走到一起了怎么办？万一她不忠怎么办？万一她喜欢被奉承被注意怎么办？万一是她主导了这一切怎么办？万一她到处出卖色相，还认为我永远查不出怎么办？我又如何知道她的感觉和行动？（我真是一个笨蛋，一个人家说什么就信什么的傻瓜！蠢透了！）"

c. 关于这个情形，我如何想？

"这是完美的偷情场所。豪华宾馆，奢华晚宴，大把闲暇时间，人人都在庆祝自己的成功。玩几夜情后平安回家，喝个烂醉，一宾馆的骗子！真令人恶心！"

步骤三 我如何反制和回击自己的非理性思考方式？

"这种情形有潜在危险，很有可能有人会加以利用。但我有理由相信她会加以利用吗？我又气又急，能阻止事情发生吗？担心能让我把这几天过好吗？如果我的妻子或其他人背信弃义但我仍然信任她，这就真的让我成了窝囊废或傻瓜吗？如果她或其他人认为可以逃过我的眼睛，我就真的成了弱智吗？"

步骤四 我用何种更佳之选来替代非理性思考方式？

"我想要她认真对待我们的婚姻誓言，别在会议上到处留情。我希望没人跟她调情，但我保证不了这点，我很担心。我不喜欢这点，但这事还不至于可怕到让我承受不住。最好做到信任她，让她知道我很不自在，知道我会处理好自己的不自在。不幸的是，那些男人追求她是再正常不过的事，她颇有魅力。没有比这更糟糕的了，但这是事实。我不喜欢，但我能承受。"

这样想事可以让你在妻子不在的这几天过得舒坦一些，也不会拼命酝酿情绪，等她一进家门就酸溜溜地发表一些疯狂言论。你可以坦然承认你对如此情形的现状感到担忧，你想确认她没有出轨。

等她休息够了，你可以挑一个时间跟她谈谈，就说："你回来了，我真的很高兴。我想你。我担心你在会议上跟人随意搭讪。我知道好多人利用这种会议调情，我知道自己阻止不了他们。我只想知道你有没有挑逗、迎合对方。我想要你重新向我保证你没有不忠，什么事都没有发生。"有人可能认为，听上去你就像一个缺乏安全感的窝囊废，你决不应该暴露出如此脆弱的情感。这是胡扯。我们都有过这种疑虑，求解一下无伤大雅，但不是强求，请求她再一次保证她是忠实的。你要做的就是请求，在没有真实理由让你确信她背叛了你之前，选择相信她的说辞。这能让你摆脱大量沉重的痛苦。

还有更为暴烈的思考方式存在："要是我的妻子在那次会议上出轨了，就太糟糕、可怕、恐怖了，世界末日到了。"当然，这也许是你一生中最严峻的时刻，但不至于像我们有时候导演的那样凄惨无比、毁天灭地。你或许终结这段感情，或许做你认为是正确的事，但不必毁灭自己或让自己不知所措。

不得不承认（假如你真爱你的妻子），你有可能感到深深地受伤，你理所当然应该愤怒生气，并且这种情绪会持续一段时间。但是，我们看到太多的人沉溺于痛苦、苦恼、气愤和抑郁之中，最终毁了自己。用这本书提供的技巧，人们可以学会如何掌控最严峻的情感受挫阶段，把自己的反应最小化（不是最大化）。

刚刚讨论完这个例子后，我们意识到这种情形像其他情形一样，也可以从另一个人的角度来看。假如你是妻子，刚出差回来，进门就听到一通暗示你跟"其他男人"有染的讽刺、怄气的言论，但实际上你很无辜，仅仅只是工作和旅行让你累坏了。假如是这样，你该如何做才不反应过激？

步骤一　我的感受和行为是多么的不当？

气急败坏，恶心无比。用恶言恶语回敬对方，冲出房间，怒气冲冲地扑到床上。

步骤二　我有什么非理性思考方式致使我过分烦躁、生气、抑郁、愧疚或行为欠妥？

a. 关于自己，我如何想？

"我用不着听这些荒唐的暗示。我辛苦工作，累得半死，回到家就该受这种待遇？我应该在行为上做到无可挑剔，省得他老怀疑我与他人有染。"

b. 关于他人，我如何想？

"他根本没权利说我这说我那的！他那小心眼的醋劲叫人发疯。他就这么不自信（他应该自信的）。他想要我为自己真正有份好工作而愧疚！他这么猜疑我也许是因为这正是他出差时干的事！这个混蛋！"

c. 关于这个情形，我如何想？

"真蠢，我睡觉去了。我懒得理这些。难道我忍受不了？"

步骤三　我如何反制和还击自己的非理性想法？

"他说我不忠，说我到处勾引人还乐在其中是冤枉我，他对我充满敌意和讽刺，我不喜欢这点。但人无完人，他真的是一个混蛋，或只是一个干了混蛋事的人而已？谁说他永远不能嫉妒？我非得要他正常化甚至拒绝聆听或讨论这件事不可吗？"

步骤四　我用何种更佳之选来替代非理性想法？

"我想要他信任我，看到我回家就高兴。然而，是人就会犯错，他也会轻易地犯错并多疑猜忌。虽然他行为不招人喜欢，但也不是一个小人。他对我的忠实不自信，这叫我感到失望。虽然老实说我真想现在就让他正常化，但我不必非这么做不可。我有义务针对他的担心跟他谈谈（不是吵架），我请求他不要冷嘲热讽、指桑骂槐地跟我说话。我决不过分生气，在情绪上被他牵着鼻子走。我想要他信任我，要他告诉我，当他不攻击我或不羞辱我时，他的感觉是什么。我可以告诉他我希望他用什么态度来谈他的这些感受。"

如果你真朝更佳之选方面想，而不是劈头盖脸给他一通骂，你会这样说："我知道你不开心，但当你攻击我，暗示我做了什么见不得人的事时，我甚至都不想跟你讨论这件事。我不想一回家就吵架。告诉我你究竟担心什么，让我告诉你是怎么回事好不好。我们可以不吵架，只讨论。"你可能会得到他的合作，可能不会，但不管怎样，你的确在一触即发并且极端不愉快的处境里保持了冷静的态度。加油！

真是个笨蛋

你在家中负责处理各类账单。你写了一张交财产税的支票，压到最后一天（当然为了多吃一点利息）才准备付费。你要你爱人务必在那关键的一天去上班的路上寄出支票，逾期将要付很大一笔罚金。你把支票留在门口的桌子上，一眼就能看见。晚上回家，你发现信还在桌上，无人动过。几分钟后，你爱人出现在门口，指望你给他一个熊抱和亲吻，而迎来的却是你的冲天怒火。

步骤一 我的感觉和行为是多么的不恰当？

恼火透了。我爱人一进门我就说："你忘了寄这该死的支票！现在我们得付 300 美元的罚款。今早我把支票就放在你的鼻子底下。除了大声嚷嚷，我还需要做什么？是不是该在你脖子上系个铃铛提醒你？"

步骤二 我有哪些非理性思考方式致使我过分烦躁、生气、抑郁、愧疚或行为欠妥？

a. 关于自己，我如何想？

"我做了自己该做的事，特意按时准备好了支票，可还是搞砸了。我努力过了还是赢不了。我早该知道他会忘了寄！我早该自己出去寄的。我傻透了！"

b. 关于他人，我如何想？

"他怎么这么蠢？他魂都跑到哪儿去了？这也不是一件难得不得了的事，他还是办不好，这头蠢猪！"

c. 关于这个情形，我如何想？

"好事啊！一眨眼 300 美元没了，就因为犯了这个愚蠢的错误。该死的！本来照我的计划我们还能小赚一把的。没有比这更糟心的事了！"

步骤三 我如何反制和回击自己的非理性思考方式？

"我真的早该知道他会忘。我是不是傻透了？他忘了这么重要的事，但这就真的说明他是个没用的呆子，该挨我的骂吗？我火冒三丈能解决问题吗？"

步骤四 我用何种更佳之选来替代非理性思考方式？

"支票能按时寄出当然就更好了，但我已经尽力了，我能做的就是这些。支票没寄出，我们要花一大笔钱，这叫人丧气，我很烦恼，但并不恐怖，除非我把这件事恐怖化。我爱人老是忘事，但他不是一个呆子。我可以不咬牙切齿地表达自己的挫败感。我可以恼火，但不大发雷霆地说出自己的严重担心。我不必靠过分发火来迫使他重视我的话。"

于是，你可以让爱人知道你有多沮丧，而不是恨不得把他碎尸万段。而且，你会减少针尖对麦芒的机会。人们即使知道自己错了，但如果被人用奚落的口吻指出来，还是会抵赖：不仅因为错了，而且因为遭到对方的埋怨。不用奚落的口吻批评人是一门艺术，不是科学。你可以说，"我特意提醒你寄支票，你还是没做。这下好了，我们要多付 300 美元，真丧气。"你仍在批评爱人的疏忽，但不是用奚落贬低的口气。你仍可能遭来狡辩，但你没有（也不需要）扼住对方的脖颈。

假如对方不认错或找借口，你可以这样回答："我知道我们都忘事，但这件事实在太重要了。我们也许要琢磨琢磨如何保证下次不再出这种事。"你没必要闹翻天，你可以沮丧，但仍可以设身处地跟对方谈谈此事。假如你给爱人念"恐怖"经或"应该"经，场面很难不失控。朝更佳之选的方面想可以让你里外都镇定如常。

在第 3 章的练习部分你能找到更多的情形。在这些情形里，你能看到你的反应取决于你的想法。在那一系列的例子当中，你能看到恐怖化、应该化和合理化之间的区别，能看到人们不同的行为取决于他们的想法。记住，假如你身临其境，那些不是你唯一的思维和行为方式，只是每种类型思维的和由此而来行为的事例。你甚至可能推测你身临其境时会怎样想，会落入何种模式：恐怖化、应该化、合理化或朝更佳之选的方面想。查看这些事例，看是否与你的处境相关。

这一章及练习中的事例都是现实存在的。它们也许跟你的情形类似，也许不尽相同。在本书里列举这些例子，是为了让你形象生动地理解这四个步骤在现实生活中的运用，为了显示在具体情况中你的想法有多大的不同，你的行为就会有多大的不同。

现在你该挑一个你的实际生活情况，在这个实际情形里，你曾经过激反应（或者正在过激反应）。你把这四个步骤走一遍，看看能不能更好地指导和控制自己的反应。别忘了熟能生巧！用第5章练习部分的练习表来引导你走这四个步骤。你练得越多，就能更好更快地用上这四个步骤，由此而减少你的过激反应。经过短时间的训练后，你无须再矫正自己的思想，因为更好的事在等着你，即你能从一开始就朝更佳之选方面想。加油吧！

练习

练习7A 改变你在恋爱和配偶关系中的非理性思考方式，以及情绪和行为过激

这项练习，在发现和改变你在情绪、行为上的过激反应以及非理性思考方式方面可以给予你训练的机会，尤其是当这种情形发生在恋爱和配偶关系中的时候。先回忆一个具体的、相关的、你可能有过激反应的情形，然后找出你当时的非理性思考方式。

练习7A 练习表示例：发现你在恋爱和配偶关系中的非理性思考方式，以及情绪和行为过激

具体情形	你在情绪和行为上的过激反应	你当时的非理性思考方式
我爱人对别人比对我好。	烦躁、抑郁、嫉妒。对这一情形避而不谈。	我究竟哪些事做错了？我好失败！我哪怕在他（她）眼里都一无是处吗？

| 我的恋人有外遇却瞒着我。 | 极度嫉妒、震惊、愤怒、害怕、装着不知道。 | 我的恋人不再关心我。我究竟做了什么让自己如此配不上他（她）？如果他（她）有别的感兴趣的人，我绝对受不了！ |
| 我没做错什么，可我的伴侣老是说我这不是那不是的。 | 生气、烦躁。避开我的爱人。 | 真可怕！我受不了这种横挑鼻子竖挑眼的。这就是不公平！也许我真是个废物！ |

练习7A 你的练习表：发现你在恋爱和配偶关系中的非理性思考方式，以及情绪和行为过激

具体情形	你在情绪和行为上的过激反应	你当时的非理性思考方式

练习7B　练习表示例：改变你在涉及恋爱和配偶关系之情形时的非理性思考方式

非理性信条	反制和回击你的非理性信条
我做错了什么？我一定是个废柴。我真的不重要，即使对他也不重要。	我的另一半对别人稍好也不是在反衬我做错什么了嘛！即使我做错了某事，也没理由用废柴来标签我吧！我最好搞清楚他是不是真的不喜欢我了，真是如此，我就改变自己。就算我取悦不了他，明天太阳也照样升起。
我爱人不再关心我了，是因为我做了什么不恰当的事情吗？要是他起了别的心思，我绝不容忍。	即使他跑去跟别人勾搭了，那也不是我干了什么坏勾当，好吗？！尽管我讨厌我对象对我撒谎，但他也有权这么干。虽然我绝不会喜欢这件事，但我能忍受，我能处理。
太可怕了！我受不了这种批评！太不公平了！难不成我真是个废柴啊！	我对象的批评烦死我了，但也不可怕吧？不可怕，我完全顶得住。他就不公平，但也没法律规定不准他这么干啊。就算他批评的对，那我也不是废柴啊。我想，每个人都有失误之时吧，我可以纠正，而且我也会去纠正。

练习7B　你的练习表：改变你在涉及恋爱和配偶关系之情形时的非理性思考方式

非理性信条	反制和回击你的非理性信条
————————————	————————————————
————————————	————————————————
————————————	————————————————
————————————	————————————————
————————————	————————————————
————————————	————————————————
————————————	————————————————
————————————	————————————————
————————————	————————————————
————————————	————————————————
————————————	————————————————

第8章

育儿：倒数第二个考验

要学会不在情绪上被孩子牵着鼻子走，第一步就是接受他们有时候行为举止就像个变态。这不是说他们就是变态，但他们常常做变态的事。这也不是说你就该喜欢、宽容、无视这点。我们常看见他们的变态行为，但也不停地对此啧啧称奇。当他们行为变态时，我们可能气得要命、极其挫败、焦虑不安、惊慌失措。孩子都不是省油灯，没法叫你不生气。

他们应该对学校、成绩、将来的职业持端正态度。他们应该保持自己的房间整洁（干净，没有奇形怪状的海报、符号、"装饰品"），应该跟兄弟姐妹和睦相处。他们待人接物应该有责任心、设身处地替他人着想、富有爱心、充满阳光。他们不仅应该态度端正，而且应该是全优生（在优等班），是获得三次校名首字母标志的运动员，是乐队成员、艺术家、戏剧俱乐部主席，是电脑专家，而且不应该涉足性生活（过早）或毒品和暴力（永远）。他们应该因"受人瞩目"而获奖，应该在同学会上拔头筹，应该是"冉冉上升的新星"，总之，应该是世界上最讨喜的人。事实上，我们有些人也就是跌跌撞撞地毕了业，没有犯罪记录而已。

当孩子们不再按应该的那样思考、感受和行动时，我们就有了过分生气的可能。每一件个案不算什么，但到第 4 000 次，你仍然看见整个房子到处都是长了绿毛的脏碗碟和杯子时，潜在的情绪爆发情景就此形成。针对这种情形，你至少可能有三种思维模式，分述如下。

第一种可能是"恐怖"经和"应该"经的结合体："我再也受不了啦！我觉得他喜欢住在猪圈里。我干脆宰了他！他什么时候能成熟点，担负起责任？"（假如真杀了他，他当然也就永远长不大了。）这种类型的思考很有可能导致情绪爆发、大吵一通。

第二种是你把它合理化道："我还不如自己打扫呢。我懒得管了，太麻烦。促使他改变又有何用？"这类想法既会导致矛盾加深，又会导致孩子的行为越来越不像话（如果你对他所有的活儿大包大揽（这叫明知不可为而为之）的话）。

第三种想法可以是朝更佳之选方面想："我想要他不经提醒就收拾好自己的东西，但这一点怎么也行不通，真令人感到挫败而无可奈何，但并不可怕。我无须暴跳如雷。"

这类理性想法可以使你不回避他和他的烂摊子，让他打扫干净，因他没有主动打扫而惩处他（通常取消一些权利——禁足，不准使用电话、电视、车等）。惩罚的成功性取决于你如何说。假如你怒气冲冲地说（好啊，这回你要为这个烂摊子付出代价：不许出门！），回敬你的多半是恶言恶语。

然而，如果你不用恐怖化和应该化来气自己，你可以这样说："比尔，尽管我们多次督促你，你仍然像今天这样把家里弄得乱七八糟，星期五晚上你不许出去，我要你现在就把东西收拾干净。"比尔可能会百般抵赖（一般会说一些难听的话），就说他抱怨、发牢骚、找借口，耍态度（通常这是放烟幕弹，为了让你妥协）吧。他说："这不公平。我没时间，再说，你没事先警告我，昨天你就没叫玛丽收拾她自己的东西。为什么非要当场收拾不可？好像我们是住在家具店橱窗里的（他试图摔门而去）。

在这时，你不必让矛盾升级，但仍然态度坚定："我知道你不喜欢被禁足，但我希望你有责任心，而你没有的话，就会真的出现问题。我希望你好好地说，不反应过激、不摔门。"如果比尔冷静下来，不再表现出行为粗鲁的样子，那就太好了；如果他继续过激反应，结束谈话，也许还要惩罚他没有礼貌。

你说这些话的方式大大地影响了对方的反应。假如你冷嘲热讽、咄咄逼人（逼他做出反应），或用试探的口吻，或怯生生的，你得到的反应可能跟你直接、坦诚地说话所得到的反应不同。后面这种说话方式不拐弯抹角、不迟疑、不贬损。如果你把事情恐怖化、应该化，过分气急败坏，想不从语气、表情、手势中泄露出这点很难。所以，如果你朝更佳之选的方面想，既不会有额外的挑衅，又更容易直截了当、不做无用功。

父母既可能对刚才描述的相对慢性的小事反应过度，也可能对非常严重的事（吸毒、酗酒、破坏他人财物、性行为、偷窃、开除学籍）采取过激的行动，处于这两者之间的行为（跟兄弟姐妹打架，晚上不按规定时间回家，逃课，不做家务事）也能成为父母发作的导火索。当然，事情越严重，我们就越反应过激，但我们可以不必如此的。

有一种育儿方式特别具备过激反应的潜力：担任继父母一职。在有些事例中，孩子们从不同家庭并入一个家庭。出现许多"继"养育形式，境况各异、动态不一。这些都具有折腾人情绪的潜力。

继父母不得不面对这样一个现实，不管他如何爱孩子，关心孩子，孩子对亲生父母总是表现出不同的爱，哪怕亲生父母只是偶尔来看看孩子，对孩子的利益也不及继父母那样关心。这种不同的表达方式极其微妙，体现在每天孩子们如何跟你打招呼，体现在晚饭时跟你说话的方式，体现在道晚安的方式，体现在度假时的表现。作为继父母，你很容易感到愤懑和受伤。

有时候，继父母和继子女带着不同的价值观、期望值、气质风格突然住到了一块儿。闹别扭的可能性十分大（有时候"蜜月"刚过就开始了）。再者，任何形式组合的父母都会在教养孩子方面发生冲突，亲生父母以特殊的方式教养过一段时间后继父母再插足进来，更是难上加难。

继父母大有念"恐怖"经的潜力，例如"孩子们把我当外人，我真受不了！"还可能念"应该"经，例如"每次他生病、有麻烦、需要别人时，我就是那个在他身边的人，他应该珍惜这点！"念"合理化"经，例如"其实我一点不在乎。内心深处，我知道她多半是爱我的。"继父母如果对自己的期望值没有清晰的认识，就会在情绪上被孩子牵着鼻子走。恶意的吵架会从日常琐事（着装、宵禁、睡觉时间、分数）中产生，这些争执隐藏的是继父母和继子女之间的态度和反应。如果你遵循我们已提供的指南，这些过激反应就不一定会发生，而且肯定不会发生。"继"关系即使在佳境中也是困难重重，但如果人人朝更佳之选的方面思考和感受，这种关系可以大大改善。

不管你是亲生父母还是继父母，我们中一些人会比其他人需要处理更严重的育儿问题。我们选择了几个例子，从小麻烦（但是真正的不痛快）到严重问题，什么都有。这些例子是父母们提到的最常见的问题，而这些父母都参加过我们引领的若干讲习班。

这里第一部分展示的是如何运用四步骤（前面描述过的）来改变你的神经病想法。紧接着的练习部分则展示你在某种具体情形中所产生的恐怖化、应该化、合理化的思想和更佳之选，以及出自这些想法的行为。

你对这些例子里的立场可以赞同或不赞同，但这不是重点。所以，我们鼓励你不要在处理这些事时纠结于你所想的究竟对不对，或者纠结于"应该"在这些事情中采取何种立场。你有权（亦有责任）用自己的方法来应对这些局面。我们不是说只有这条路可走。

不管你采取何种行动，我们的重点是显示你可以用这四个步骤加以练习，强化自控力。在这些情形里，你能想到许多其他的恐怖化、应该化、合理化和更佳之选。然而，假如真的念上了"恐怖"经、"应该"经和"合理化"经，你将不是反应过激，就是逃避现实，而且还把孩子带得越来越糟糕。你可能成为问题的一部分，即过度情绪化的那部分。

亲兄弟姐妹又干上了

这星期（跟别的星期一样），你9岁的儿子和7岁的女儿第4 000次为一点小事打架。偏偏这星期你诸多不顺，刚下班进门。

步骤一 我的感觉和行为是多么的不恰当？

典型的过激反应是火冒三丈、郁闷无比，但这一回是有过之而无不及，因为我患上了抑郁症。我只想爬进洞里，眼不见为净。我无助、绝望，为他们不停斗嘴而感到十分压抑。我茫然、惶惑、觉得了无生趣。

步骤二 我有哪些非理性思考方式致使我过分烦躁、生气、抑郁、愧疚？

a. 关于自己，我如何想？

"我懒得管了。我不知道自己还能做些别的什么。我感到自己好无助。我是一个失败的父（母）亲。我应该让他们和睦相处的，为什么就做不到呢？我不该要孩子。我再也受不了啦！"

b. 关于他人，我如何想？

"他们打个不停。他们恨对方。他们甚至都不听我的话了。两个糟糕的孩子！他们没得治了！"

c. 关于这个情形，我如何想？

"情形是永远不可能好转的。日复一日，我得忍受这一切。我受不了啦！有人说以后只会更糟。千万别！"

步骤三　我如何反制和回击自己的非理性思考方式？

"这叫人感到很不愉快，而且还经常发生，但谁说我就不能忍受这一切了？即使我高声怒骂，他们也停不下来，难道这就让我成了一个失败的父（母）亲？还是说只不过是我付出的努力不成功而已？是他们让我患上了抑郁症，还是我自己是罪魁祸首？他们是糟糕的孩子，还是仅仅行为混蛋而已？当我火了，冲他们高声怒骂时，问题解决了吗？"

步骤四　我用何种更佳之选来替代我的非理性想法？

"我想要他们少打架，多友好相处，但他们没有。这不糟糕、可怕、恐怖。并且，除非我有意如此，否则，这并不是毫无希望。我希望处理这类事时，成功的概率更大一些。但这种好事没摊上我，令人感到挫败，也真的并不可怕。我不是失败的家长，我会继续致力于处理这种局面。这件事让人感到沮丧和恼火，但我能够应付。我有义务坚持下来，而不是郁郁寡欢。他们的表现像顽劣儿童，这已经够糟糕的了，但我有必要让自己为此患上抑郁症吗？不！我讨厌他们的淘气行为。我想要他们和睦相处，我会继续和他们共同努力修好关系。"

这类想法可以让你摆脱无助、绝望和抑郁的感觉，也可以使你沉着冷静地面对你的孩子（不再大发脾气），你可以这样说：

"我要你们不打架。谁开的头，什么事引起的，都不重要，不打架才是重要的。有了矛盾，你们要不吼叫、不嘲笑、不恶意攻击地解决矛盾。如果你们这样做了后，还有一个人继续不依不饶，作为最后的手段，你们就不要在一起玩了，或者来找我，不过我不要听埋怨和告状的话。告诉我究竟发生了什么，你想从我这儿得到什么。"

"我还想要你们对对方大度一点，尤其是在你感到沮丧和恼火的时候。假如你们再打，两人都要受罚，因为你们任何一个都可以说话大度一点儿或者走开，这样架就打不起来了。别等我说'不许打了！'因为我不会再说这种话。我要你们担起不打架的责任，我不会再做裁判：你们再打，我就拿走你们喜欢的东西。"

"我希望你们理解我为什么要这样做，因为这跟以前的做法不同，我不想你们真到挨罚时接受不了。你们不打架了，就能看到对方的长处，甚至喜欢对方，这对我来说太重要了，我希望对你们来说也是重要的。"

发表完这篇简短的言论后，如果他们又互相掐架，你要控制好自己的情绪，把惩罚进行到底。方案的成功取决于两件事：用直接、冷静的口吻讲，不啰哩啰嗦；保持言行一致。（让他们事先知道惩处条例，这样他们就会起劲地规避。）你这两种行为方式都要朝更佳之选方面想，而不是朝恐怖化、应该化和合理化方面想。好好试试吧！你也许掌握不好分寸，所以贵在坚持。保持言行一致，不要光打雷不下雨，一定要有实际行动！

少年性行为

你 15 岁的女儿跟在学校被朋友称为"种马"的人谈起了恋爱。对方人气很旺，你女儿知道他对自己感兴趣，异常兴奋。她不停地跟自己的女友谈到他，一切似乎都顺遂惬意。最近，她直截了当地问你，男孩最喜欢女孩哪方面，为什么男孩会抛弃女孩。一天晚上，你从一场不好看的电影中途退场，早早来家，发现她和她的男友在家里的沙发上痴缠，几乎光着身子。

步骤一　我的感觉和行为是多么的不恰当？

极度生气、震惊、难堪、沮丧。目瞪口呆，上蹿下跳，钻进另一个房间，朝女儿吼叫，"在我动手干掉他之前让他滚出去！到你的房间去，现在！"然后冲入她的房间，斥责她，或哭得稀里哗啦，让她知道她把我毁了。（有些父母让自己相信什么也没看见，否认这件事的发生。）在这个例子里，我们只说那个大发脾气的父母。

步骤二　我有哪些非理性思考方式致使我过分烦躁、生气、抑郁、愧疚或行为欠妥？

a. 关于自己，我如何想？

"我这做父母的太失败了！我应该早有所预见，应该采取措施制止。我没脸见人了，太难堪了！我真是一头猪！"

b. 关于他人，我如何想？

"她怎么可以这样对待我们？她恐怕已经怀孕了！她毁了自己的生活，把我们也搭了进去。是那个男孩的错，他逼她做的。那个……！"

c. 关于这个情形，我如何想？

"这太可怕了！不准她再见他，我一定盯得牢牢的！如果还不算晚了的话，我们必须立刻制止。他敢再靠近她，我杀了他！"

步骤三　我如何反制和回击自己的非理性思考方式？

"虽然我不知道到了何种程度，但她明显已跟他有过性行为。她甚至可能已怀孕。这是很严重的情况，但即使如此，也不糟糕、可怕、恐怖，除非我自作孽，把这种情形变得糟糕、可怕、恐怖。他们做了这件事就真的成了十恶不赦之人？不。过分生气、大声怒斥、尖叫能解决问题或让已发生的事不再发生吗？不。诅咒自己或威胁她会有好结果吗？不，也许还会起到相反作用。"

步骤四 我用何种更佳之选来替代非理性思考方式？

"我想要我的女儿在这件事上明辨是非，但就算她做不到，也并不能说明她就是一个败家子。我非常担心这件事，我决心让她知道我对她的行为十分在意，但我不必靠大喊大叫来让她知道我有多生气。至于她为什么做这件事，我们对她有什么样的期望，我想要跟她谈谈，但我无须让她感到愧疚或把她臭骂一顿。我也想要她的男友更有责任心，但他没有，我决心不发脾气地跟他和他父母交涉。我失望，心里很不痛快，忧心忡忡，但这不是世界末日，我可以制止自己不反应过激。

这类思考可以使作为家长的你做几件事：不大发脾气地、适度地表达自己该有的情绪（悲伤、沮丧、不赞同、烦躁）；跟她讨论为什么她要做这件事；说出你对将来的期望；用你认为合适的方式限制她（设定她实际上已违反了父母的规定）。

重点是着眼于将来，并且在态度和行为的尺度上保持一致，教会你的女儿如何应付来自对方性索求的压力。在性行为这种关键问题上，尤其需要取得一致意见，争取理解和合作，因为这种行为防不胜防，更遑论加以控制了。但她的行为还是违反了父母的规定，确保要给予一定惩罚。

你可以这样跟她说（在你从震惊中恢复过来并经过深思熟虑之后），"你决定跟约翰有性行为，我真的很震惊、很生气。我想跟你谈谈，你为什么要这样做，你这样做的风险是什么。我觉得你是非不明，违反了家里的规定。"

虽然这可能对她来说是一场艰难的谈话，但希望她能跟你分享一下她的理由和感觉。虽然你希望她敞开胸怀、坦诚相见，但还是要讲清楚你认为她犯了严重的错误，你要惩罚她。在一件事上同时做一个关心的家长、疏导心理的医生、有错必罚的执行者不是一件容易的事。最好的方法是找她谈话时，将这三个角色尽量分开扮演。在这种情形中，想保持严肃坚定，不暴跳如雷显然是困难的。这就是为什么要朝更佳之选方面想，而不是把事情恐怖化、应该化和合理化。你可以不大发雷霆地让对方深刻体会到这件事的严重性。

对那些回避此情形，一口咬定这种事不会发生的家长来说，他们的思维倾向是合理化。"我还能做什么？我又不能每分钟都盯着她！她主意大着呢。我只希望他们小心一点。我觉得时代变了，现在的孩子完全不同了。对她我很无语。我太难堪了，恨不得死了算了！也许被我当场捉奸已够她喝一壶的了。在这种事情上，我就是不知道如何开口。"这种合理化是以害怕拒绝、害怕失败和非理性思考方式为基础的。"趋利避害比直面困境、努力解决困境要容易得多。"

步骤三 我如何反击自己的非理性思考方式？

"这种情形很难处理，但为什么就困难得无法处理呢？我不可能每分钟都盯着她，但为什么我不能至少告诉她我的感受，跟她讨论这件事呢？避而不谈从长远的角度看，真的更容易吗？不找他们两人谈就万事大吉吗？"

步骤四 我用何种更佳之选来替代非理性思考方式（能帮我不回避这件事）？

"我是想说服自己不理这档事也出不了事，但并非如此。我是有责任心的家长，我最好不回避自己的责任。这件事并不丢脸，除非我自认为是丢脸的事。虽然时代变了，现在无法强迫我的女儿遵守我的规定，但我仍然想要她理解性生活的重要性，让她更加有责任心，更清楚我的期望，对这种事的后果和惩罚有更深刻的了解。我想要她跟我思想统一，但不管她有没有做到，我都有义务跟她谈谈此事，寻求解决方案。"有了这种类型的思考，理性思考者更有可能主动找对方攀谈，担负起家长的责任。

这本书的首要重点是指导和控制我们内心的反应（内心所想），不让别人折腾我们的情绪。我们相信，如果你能疏导和控制自己的恐怖化、应该化和合理化倾向，不让自己成为别人的提线木偶，你有效处理这类情形的概率要大得多。

有时候作为家长，你不是被儿女的行为而是被他们的态度惹恼了。也许女儿不可思议地对学校产生厌恶，或不体贴人，或没有责任心，或自私自利。就说她对你不尊重吧。

你用这种想法来对她念"应该"经："搞得不得了了，她以为自己是什么人？我辛苦工作，为了让她过得好一点，她就这样报答我！她态度恶劣，我们还由着她的性子，她想做什么就做什么，她真应该对我们感恩戴德。如果她真以为在家可以作威作福，把我踩在脚下，定没她好果子吃。不给她一点颜色看，她还真不知天有多高、地有多厚，这个小混蛋！"

你用这种想法添加"恐怖"经："万一情况越来越糟，我控制不了她怎么办？万一她真的恨我怎么办？万一她交友不慎，那些坏孩子给她灌输了这种恶劣态度怎么办？这太可怕了！万一她犟上了怎么办？天哪！"这些想法足以轻易让你崩溃。

或者，你开始合理化道："也许这只是她经历的一个阶段。她最近压力很大。我不必整天对她过于苛责，也许我装着没看见，她就不会这样要态度了。她是个好孩子，所以我应该给她一点空间。再说，我实在是无能为力。我觉得无论我和别人怎么想，她都要发泄。"

假如你把事情恐怖化、应该化，你和女儿之间有可能爆发一场感情激烈的恶战；假如你把事情合理化，你可能拿出惹不起、躲得起的态度忍受痛苦，而她一如既往的顽劣。

你就不能朝更佳之选的方面想吗？"我想要女儿有礼貌地跟我说话。我想要她注重仪表、为人体贴。假如她做不到，这也不糟糕、可怕、恐怖。我对她的行为感到失望而已。我非常关注，我有义务采取行动，促使她改变，但我没必要让自己过分生气。"

如果这样思考问题，你或许就敢用坚定、直接、坦率（和恰如其分）的态度面对你的女儿。即使她继续惹人嫌，或充满戒备，你也不会失去冷静，除非你对她念"恐怖"经或"应该"经。努力朝更佳之选的方向思考："我想要她尊重我，但如果她没做到，我也不必过分生气。我不能完全控制她，但我能控制自己对她做出的反应。不是她惹我生气，而是我自找的，所以我不能老跟自己过不去。"

于是，你能拿出一副好商量的样子，轻松自如地直接找到她："亲爱的，我想跟你谈谈你对我的态度，谈谈你的行为。我不想跟你吵架，只想跟你聊聊这些，这很重要。"如果她把自己变成一只刺猬，讽刺嘲弄或神情不屑，你就当场面对，不要回避，但也不要充满敌意："我想现在跟你谈，你却摆出一副厌烦的样子（或说一句顶一句的）。我们有两个方案：一是好好说话，不讲难听的话，不乱发脾气；一是吵架。如果吵起来，你必定受罚，那样我们谁都不好过。我宁可跟你好好地谈。你觉得如何？"

现在选择权在她手里。假如她选择不好好说话，你最好准备妥当，在不高声怒骂的情况下惩罚她。同样，假如她继续态度恶劣、行为粗鲁，你也可以加大惩罚或限制的力度。关键是你用什么方式说。如果你咄咄逼人地摆出给她的选择（"听着，你只有两种选择……"），或者，用不屑的口吻对她说话（"你现在就像一个不懂事的孩子！"），你就等着她跟你顶嘴吧。同样，如果你清醒地意识到你的目的不是赢得这场吵架，而是保持冷静，采取适当的行动，你就不会在情绪上被她搓圆捏扁。正如前面所述，要处理好这类情形需要大量的练习（我们相信你有很多机会）。你需要不停地提醒自己不要忘了更佳之选，提醒自己不要把事情恐怖化或应该化，以至于忘了自己的义务责任。

许多人说，"轮到是自己的亲生骨肉，事情就不那么容易了。"当然不容易！正因为是你的亲生骨肉，保持自控力对你来说才显得更加重要。不论对你自己还是对你的孩子而言，自控力是做父母的不可或缺的素质，如何控制自己的情绪也是做父母的需要演示给子女的。这就更难了，但受益无穷。

是不是太难了？找借口搪塞（合理化）要容易得多，说"听上去不错，就是太难了，"或者说"这在现实生活中行不通，"再或者说："我就是做不了。"你相信自己做不了，你就真的做不了。趋利避害比直面困难要容易得多。酝酿愤怒的情绪，发泄到他们头上，然后摔门而去要容易得多，但从长远来看没好处。改变你的思维方式需要系统、勤奋的努力。而你的努力会有好结果，无论是你，还是你的家人，都无一例外地能从中获取长期效益。

一触即发

你的儿子有责任清扫他自己的房间，给他的狗和鱼喂食，照顾它们；有责任把你在他 16 岁生日送给他的车保养好。你推不开他房间的门，被里面乱七八糟的东西堵住了；他房门周围的空气是褐色的，仿佛烟雾腾腾。狗是从来没喂过，现在需要有人给它洗澡。所有的鱼都一条挨一条地翻肚皮。车的尾灯坏了（倒车时撞到栏杆上），排气管没了，后座上能找到 450 块垃圾碎片，而且似乎包括垃圾又产生的垃圾。

步骤一 我的感受和行为是多么的不恰当？

极度生气和怨恨，因为我常跟在他的屁股后面收拾。朝他大喊大叫："你这副样子就像住在猪圈里！你以为整个世界都是你的垃圾桶啊！你难道一点责任心都没有？我就知道你不会像自己指天发誓的那样照顾你的宠物！我就知道这些事到头来全落到我身上！我厌倦了给你当女佣。以后再不会了，先生！"

步骤二　我有哪些非理性思考方式致使我过分烦躁、生气、抑郁、愧疚或行为欠妥？

a. 关于自己，我如何想？

"给他做女佣，我简直昏了头了。我早该知道他不会照料他的宠物。我必须给他立规矩！"

b. 关于他人，我如何想？

"他懒成这样，什么事都不做！他还一点儿都不在乎（他应该在乎）！他就是一个寄生虫，这个懒……鬼！"他目中无人，什么都不当回事儿（他绝不应该这样）。

c. 关于这个情形，我如何想？

"这种日子没法过了。他会把我逼疯！"

步骤三　我如何反制自己的非理性思考方式？

"他的行为和态度虽然叫人窝火，但我必须失态发疯吗？他必须会照料、有责任心吗？不这样的话，我就真成了混蛋，而他就成了渣男吗？"

步骤四　我用何种更佳之选来替代非理性思考方式？

"我想要他更加有责任心，但他没有。显然，他不必非这样不可，不然的话，我也受不了。我对他感到失望，对他的态度和行为很关注，但我能够承受。我也有义务直接、坚定地跟他交涉，不过激反应。我想要他意识到责任的重要性，意识到滥用别人的好心是行不通的。如果他听进去了，万事大吉；如果他听不进去，我将继续告诉他不负责任的后果。"

朝更佳之选的方面想，使你有可能当面指出儿子不负责任的具体事例，说出自己的合理期望，以及他未达到你的期望要付出的代价。比如："你不喂巴斯特，不把房间里的脏衣服和没吃完的东西清干净，这样下去，要么就是没人管，要么就是让别人比如我来替你操心。叫我怎么说你好呢，我想要你认真对待，自觉改正错误，因为你清楚什么是对什么是错。如果你还是这么不负责任，我会惩罚你。把车弄得一塌糊涂，你就没车可开了。把房间弄得一塌糊涂，你就别想出门。巴斯特没喂，你就别想做你喜欢做的事（说出具体是哪样事）。我更愿意看到你主动承担责任，把这几件事做好，就没你别的什么事了。但如果你不认真对待，后果很严重。我们能不能不走到那一步就把事情解决，你说呢？"

假如你的儿子顾左右而言他，或百般抵赖，或恶语相加，正视他的行为："我批评你不负责任，你不是百般抵赖，就是没一句好话，我估计你是不想好好表现，觉得这样跟我说话我拿你也没办法。你错了。我希望你老实、客气地跟我讨论这件事，你做不到，我就要惩罚你（说出具体的惩罚项目）。"假如他不听劝，还是那么惹人讨厌，就按照你说的惩处条例来罚他。如果他收敛了，你就表扬他知错能改，已有点像大人样儿。

我，我，我

你有一个孩子对自己的房间、衣物和东西（如电话、音响或自行车）都宝贝得不得了。她的东西一概不借给兄弟姐妹，但总从他们那里借东西。叫她在家务事上搭把手，她总抱怨说，"这又不是我的东西，为何要我打扫？"不过，她倒十分乐意喊别人替她打扫。

步骤一 我的感受和行为是多么的不恰当？

厌恶，对她的自私表现感到厌倦，火冒三丈。要她知道她是一个自私自利的讨厌鬼。用自己小时候的表现来向她说教。扇她一耳光。

步骤二 我有哪些非理性思考方式致使我过分烦躁、生气、抑郁、愧疚或行为欠妥？

a. 关于自己，我如何想？

"我恨死她这么自私！我怎么就养出这么一个混账东西？难道她在模仿我？"

b. 关于他人，我如何想？

"她就是一个不孝女。不是无病呻吟，就是想着如何拿捏别人。她只考虑自己，一切都是'我的，我的'。我养了一个贪婪的怪物！"

c. 关于这个情形，我如何想？

"她要把我逼疯！这是持久战，毫无取胜的希望。"

步骤三 我如何反制和回击自己的非理性思考方式？

"她的行为很自私，但哪儿也没说她不应该自私。她自私对一家人来说不是好事，但我为什么就不能忍受？这并不糟糕、可怕、恐怖，除非我把事情变成这样。我生气，大声骂她，能让情况变好吗？"

步骤四 我用何种更佳之选来替代非理性思考方式？

"我希望她能更好地平衡索取和给予，但没有理由要求她非要如此不可。我想要她多帮帮家里人，但她不帮忙，我也能把家管好，过舒心日子。我指望她改变态度，更愿意与人分享，但她做不到也不是世界末日。我非常担心她的态度和行为，会坚持不发脾气地找她谈。她如果做出什么行为不当的事，我有时还会惩罚她。"

朝更佳之选的方面想，可以使你在不贬损蔑视她的情况下直面她那令人讨厌的私心。（比如这样损她："听着，姑娘，你以为你是谁啊，这家里不只你一个人！你少来'给我给我'这一套，不然的话，有你后悔的！"）相反，你可以找到她说，"你只进不出，只要不是你的事，你连手都不伸一下，你对这个家无丝毫分内的贡献，我的印象是，在你眼里，凡是你需要的才是重要的。我对这点真的很担心，我不喜欢你这样。"

你可能引来的不是推诿就是抵赖，或愠怒不理人，你千万不能回避。"我跟你谈这些，你就给我找来一大堆理由，你似乎不想为自己的行为负责。"假如争取她更合作的态度无果，你可以说出自己的期望（"我希望你主动帮忙，主动学会分享。"），说出潜在的后果（"我想要你同意我说的，我们一起努力克服这些。如果你非要扭着干，我也不客气，你要是有什么自私的表现，惩罚是免不了的。"）

连同其他这一类事例来看，你孩子的不良表现（争宠、妒忌、缺乏安全感）不仅需要理解，而且需要相当快的调整，这样做的理由意义重大。但假如不处理好你自己的愤怒和挫败感，对孩子们、对这种情形来说，都于事无补。我们看到太多的父母对他们孩子的行为进行"过度心理分析"，所有时间都用来试着去理解其深层原因，偏偏对行为本身或他们的反应无所作为。

理解和敏锐在这里显然是重要的。比如，我（阿瑟·兰格）八岁的女儿连续几天面部阴沉，态度不好，回避家人。特别在那一天我们大家都深切地感到她不对劲。那天晚上，我们正在聊一起看过的电影，她突然痛哭起来。啜泣一阵后，她还是没说出一个子丑寅卯来，妈妈说，"抱抱，要吗？"（这是最近我们常常用到两岁孩子身上的词。）她点点头说好，哭得更厉害了。她后来告诉我们，感到自己被遗弃了，因为她的妹妹正得宠。事实上，她是一个好"姐姐"，我们没注意到她受的关注相对少了，所以心里很不好受。

假如只指责她愠怒和态度不好，我们恐怕会漏掉某些重要的东西。但摆在我们面前的是两个问题！一个是我们给她更多关爱、更多保证。一个是告诉她如何在不愠怒、不抱怨的情况下让我们知晓她感觉到被遗弃了。这两点都很重要，后者跟前者一样重要。我们相互之间都犯过错误。当我们承受对方错误时，处理这种局面的方式决定了我们解决问题的好坏。

这仅仅是几个带孩子的例子，目的是让你思考自己的真实情形，思考如何在这些情形中运用这四个步骤。你需要多练才能把这四个步骤运用自如，但有些成功至少是立竿见影的。记住坚持不懈！坚持朝更佳之选的方面思考，对抗自己的恐怖化、应该化和合理化倾向。在下面的练习中，你会找到可能遇上的局面和你可能产生的四种思考模式。当你改变自己的思考模式时且看你的行为会有多大的不同！

练习

练习8A 改变你在育儿烦心事上、在与父母闹矛盾时的情绪和行为过激，以及你的非理性思考方式

这项练习旨在操练在育儿出现麻烦和与自己父母相处困难的情况下，帮助改变你在情绪、行为上的过激反应及非理性思考方式。首先，想出一个具体的、相关的，你可能会有反应过激的情形，辨明你在当时产生的非理性思考方式。

练习8A 练习表示例：发现你在育儿烦心事上、在与父母闹矛盾时的情绪和行为过激，以及你的非理性思考方式

具体情形	你在情绪和行为上的过激反应	你当时的非理性思考方式
我的孩子不听话，给自己惹了大麻烦。	愤怒，羞耻，负疚。给孩子们立更严厉的规矩。	他们怎么可以这样对我？这些混账小子！我早应该不含糊地把规矩立起来。我显然是不称职的家长！

我孩子的老师指责我没有正确检查孩子们的作业。	烦躁，对孩子的老师生气。	我不应该随随便便地对待他们的作业。他们老师肯定认为我窝囊。关于作业，这些混账小子没对我说实话。他们利用了我，该严厉惩罚他们！
我父母很专制，没有给我其他小孩都有的尊重和自由。	对着干，桀骜不驯。	我强烈要求父母给我更多的尊重和真正的自由！不然有他们好看！

练习8A　你的练习表：发现你在育儿烦心事上，在与父母闹矛盾时的情绪和行为过激，以及你的非理性思考方式

具体情形	你在情绪和行为上的过激反应	你当时的非理性思考方式
——————	——————	——————
——————	——————	——————
——————	——————	——————
——————	——————	——————
——————	——————	——————
——————	——————	——————
——————	——————	——————
——————	——————	——————
——————	——————	——————
——————	——————	——————

练习8B　练习表示例：改变你在育儿烦心事上，在与父母闹矛盾时的情绪和行为过激，以及你的非理性思考方式

非理性信条	反制和回击你的非理性信条
他们怎能对我这样呢？这些糟孩子！我应该把话讲更明白一些，把规矩给他们讲清楚。明摆着，我也是个糟父母！	他们只不过是孩子罢了。他们表现令人糟心，但他们也不是无可救药。我知道该给他们把规矩讲得更加清楚和明白，不过我会吸取教训和做更好的。就这么件事也不会把我变成坏父母的！
我不该如此不上心他们的家庭作业的。他们的老师肯定觉得我瞎糊弄。这些欠揍的孩子竟对我张嘴说谎话，戏弄我！他们必须被严惩。	我对他们不上心的做法太坏了，但我也不必一直都做个伟大的家长啊。要是他们的老师觉得我糊弄，那是他们的事儿，这也成不了世界末日。我的孩子并非完美，他们不是糟孩子，不该被严惩的，用不着。
我要求我父母给我更多尊严和实打实的自由！我会搞定他们的！	要是我父母尊重我，给我更多自由就更好了。但他们明显没必要这么做。反抗他们只会把事情搞更糟，也会使他们更严格。我父母是很严厉，但人非完人啊。

练习8B　你的练习表：改变你在育儿烦心事上，在与父母闹矛盾时的情绪和行为过激，以及你的非理性思考方式

非理性信条	反制和回击你的非理性信条

第9章

过剩的情绪操盘手

我们喜欢那个词"过剩"(plethora)，它准确地描述了这里讨论的各类情绪操盘手。以上几章着重讲到我们多数人生活的主要方面：工作、夫妻关系、育儿。然而，我们也会在各类生活方式和生活场景中遭遇到另类情绪操盘手。比如，不是每个人都已婚并建立家庭。事实上在美国很快就会首次出现单身超过已婚的现象。许多人选择一辈子单身，有些人选择晚婚。当然，离婚越来越多地成为常态，尤其是当寿命已延长到我们能活过我们的另一半（或前夫、前妻）时。

单身呈现出完全不同的被人牵着鼻子走的情形：一面在工作、琐事和任务中寻求平衡，一面忙着约会、交友、人情往来。难以消除的疑心仍然存在：如果你选择"单身时间过长"，你会不会有毛病啊⊖。这期间，你可能不得不应付被人拒绝、失败、孤独、来自亲戚和父母

⊖　除去实际的单身人数不去考虑，要想让传统的社会期望和偏见发生改变，还是需要时间的。在这些转变之中，很多人会卡住，被夹在他们选择（单身）和社会对他们的实际期望（结婚）之中，他们如何思考此两难情形，将对他们如何感受，甚至如何抉择产生决定性影响。

的唠叨，勉强能抽出时间把所有事情搞定。显然会有许多积极的经历，但消极的经历当然也免不了。我们如何看待每一次经历，很大程度上将决定我们的整体生活质量。

无论我们采取何种生活方式，逃不掉的是诸多被人或事牵着鼻子走的日常情景。我们会对许多不得不做的决定极度沮丧不安：购房、换工作或职业、选择退休、选择投资项目。我们会把这些一生中的决定及牵涉到的人——恐怖化、应该化、合理化。更习以为常的是，我们自己的"蠢"念头在这些最终会影响我们一生的决定中起着主要作用。

我们还不得不应付日常困扰。举几个熟悉的例子：一个令人生厌的侍者把你的晚餐搅黄了；爱管闲事、喜欢八卦的邻居使你隐私全无；父母让你产生不能常去看他们的愧疚之心，或者不停地挑你的不是；干洗店把你要在隆重日子里穿的新西装弄丢了；机票售票员对你态度粗鲁；水管工花三星期才修好一个漏水处，偏偏还漫天要价；家具店说好周五上午送来你的新沙发，却让你等了一整天都没影儿；欠债的说"支票已寄出"说了两星期；你刚花500美元修了车，车就坏了；手头刚刚宽裕一点，意想不到的账单就冒出来了；离婚人士不得不一次又一次地分身应付前爱人、孩子（如果有的话）、财产争议、未来的不确定性、生活方式的改变。

正如你所知道的，如何看待这些"事情"，决定了你能让自己有多生气沮丧。你虽然有那么多困扰缠身，但一星期时间也足以给你若干个（有时候上百个）机会不让自己陷进去。如何使用不被牵着鼻子走的四个步骤，这个机会的给予就体现在以下具有代表性的事例里。看看哪一种情形会撩拨你的情绪，使你失控。

喂，服务员，快点上菜

你在一个特别的日子（生日、结婚纪念日、庆祝晋升）来到一家高档饭店。其他什么都好（惬意的氛围、高朋善友、美食珍馐），但侍者却越来越傲慢怠工。他做什么都磨磨蹭蹭的不得了，长时间不管你们这一桌，你们对菜单要有什么疑问，他就拿出一副窝火的样子。你们点的菜被他弄错了好几次，他还不以为耻反而言行粗鲁。

步骤一 如果我被他牵着鼻子走，我的感受和行为是多么的不恰当？

气急败坏，没了寻开心的心思，怨气冲天。

步骤二 我有哪些非理性思考方式致使我过分烦躁、生气、抑郁、愧疚或行为欠妥？

a. 关于自己，我如何想？

"我没必要忍受这一切！我应该跟那混蛋干一仗。他凭什么这样对待我？今天玩得太不痛快了，真应该骂骂他，出口恶气！"

b. 关于他人，我如何想？

"这种人真该解雇！搅黄了整个饭局，真是一个混蛋。人人都不开心，我必须行动起来。"

c. 关于这个情形，我如何想？

"整个饭局就搞砸了。有这个蠢猪搅局，我还庆什么庆？得到这种烂服务，我决不甘心！"

步骤三 我如何反制自己的非理性思考方式？

"服务员的工作是不怎么样，但除非我有意让他这样，他就真的能搅黄整个饭局吗？我真的应该对此耿耿于怀，把自己弄得过分沮丧生气吗？"

步骤四 我用何种更佳之选来替代非理性思考方式？

"我想要更好的服务，但没得到。这不可怕，但令人丧气。我可以跟那个服务员指出来，或找经理谈，但在此期间，我没必要弄得自己过分生气。他必须待我不同吗？服务员对我的情绪和这个晚上能施加多大影响，都由我来决定。我会对此采取一点儿行动，然后好好享受这个晚上。"

如果你真的让他使你把事情恐怖化、应该化，那么结果会是你大声训斥他，把整个晚宴搞砸（直接手段），或者一言不发，不给小费离开（让对方罪有应得）。如果把事情合理化（"也许他只是太忙或今天心情不好"或者，"他是新手"），你只会尽可能地回避整个问题。但如果你朝更佳之选的方面想，你会用一种既直接又不失为客气的方式私下找这名侍者提意见："你让我们等了那么长时间，不耐烦回答我们对菜单的疑问，这说明你服务不到位，但你还一副无所谓的态度。"看他如何回答（看他是否立即端正态度），你也可以去找经理以同样的方式投诉，直接而不失客气。如果你一忍再忍，直到再也受不了，冲着侍者或经理大发作一通，他们可能认为是你出格了，不会把你当回事儿。如果这顿饭的大部分时间的服务都很差，你最好仍然留下最低限度的小费（假如必要的话）。

单身进行时

你单身有一段时间了，但不善于抓住这种"偶遇"机会。你在鸡尾酒会上看见有人穿过房间，颇有魅力，又十分有趣。

步骤一 如果我被此事牵着鼻子走，我的感受和行为是多么不恰当呢？

极度焦虑，汗如雨下，避开对视。

步骤二 我有哪些非理性思考方式致使我过分烦躁、生气、抑郁、愧疚或行为欠妥？

a. 关于自己，我如何想？

"万一我自讨没趣怎么办？万一我瞠目结舌让自己看上去像个弱智怎么办？我会恨不得有个地缝钻进去！我就是不善于这类事（我应该精于此道）。"

b. 关于他人，我如何想？

"万一她已名花有主了呢？万一她认为我是骚扰她怎么办？万一她在这儿已看上了别人怎么办？"

c. 关于这个情形，我如何想？

"这种'撒网钓鱼'太肤浅了！你怎么可能在这里真正了解一个人呢？欺骗性太大了！我讨厌这样！也许，我只能在工作上认识一些人，或通过朋友介绍。我就是没那本事！"

步骤三 我如何反制自己的非理性思考方式？

"谈恋爱就非得精于此道不可吗？她非得喜欢我不可吗？假如这个人对我不感兴趣，难道我就真的很失败吗？假如她已名花有主，或对除我之外的别人感兴趣，我能应对吗？即使这个鸡尾酒会很肤浅，难道我就不应该让别人认识我？"

步骤四 我用何种更佳之选来替代非理性思考方式？

"我想要她认识我，对我感兴趣。我想要了解她，跟她聊聊。如果她愿意，那就太好了。如果她不愿意，就只能自认倒霉。我感到遗憾，但这不是我避之唯恐不及的事。即使这个鸡尾酒可能很肤浅，但并不意味着我肤浅，也并不意味着我就不能约她。被拒绝不是毁灭性的，但是世界上最糟糕的事。"

你对可能被拒绝感到恐怖，对回避她找出诸多可以说服自己的借口，如果你敢挑战这类情绪和做法，你就能更好地接近她。你并不是让自己相信一切都会好起来，自己帅气得很，并不是用这些豪言壮语为自己加油鼓劲，而是直接挑战问题的实质：被拒绝真的就像我们有时告诉自己的那样可怕吗，我们能不能更现实地看待这件事？于是，你是否成功，是否喜欢自己接近她的方式，她是否喜欢你，这都不重要了。你做到了：你挑战了对被拒绝和失败的恐惧！（附言：如果你真不敢上前跟她套近乎，就不要给自己念"应该"经！坚持不懈地挑战自己的恐怖化倾向，不要半途而废！）

抱歉，这是规定

你刚买了一条二手船和一辆挂车，急于上牌照后驾船出去遛弯。你去机动车部，半小时的车程，等到那里时，你发现队已排到门外，沿着大楼一边一长溜儿。你暗中祈祷（你很乐观）这不是你要排的队，而这偏偏就是你要排的队。你发现电脑出问题了，这一等至少是 4 小时。几天后你再过来，排队等待已回到"正常的"一小时。于是，你留下来。最后，终于轮到你了！你向办事员出示了船和挂车的粉色纸条，她开始打文件，告诉你销售税和上牌照费是多少（总额不把你气晕才怪），接着，她做了一个鬼脸，说道："哦、哦。"你的心跳开始加速。

来自办事员的一阵沉默。她正瞅着你的粉色纸条（她似乎正在尽情享受这一刻）。你忍不住开腔了，"有问题吗？"她抬头给你一个笑容，说，"有，这张船的纸条上写着'约翰·斯诺德格拉斯或玛丽·斯诺德格拉斯'是卖主，他们中任何一个签名就行。在你挂车的纸条上写着'约翰·斯诺德格拉斯／玛丽·斯诺德格拉斯'。机动车部规定斜线'／'是'和'的意思，而不是'或'。你只有约翰·斯诺德格拉斯的签名。我无法接受这份申请，你要等有两人签名的相应转让申请过来后才能用这辆挂车。"她退给你那些文件，叫道"下一个！"约翰和玛丽移居到蒙大拿州去了，你也不知道具体在哪儿。

步骤一　我的感受和行为是多么的不恰当？

发狂，气愤，垂头丧气，绝望，抑郁。怒吼，尖叫，大发雷霆（与《飞机、火车、汽车》里面的史蒂夫·马丁一样，后者被汽车出租公司抛在了偏远的停车场，无车可开）。或者，瘫坐在地板上，一边爬着出去，一边胡言乱语。

步骤二　我有哪些非理性思考方式致使我过分烦躁、生气、抑郁、愧疚或行为欠妥？

a. 关于自己，我如何想？

"我无法忍受这种官腔！简直就是鸡蛋里挑骨头！我不过想给自己的船和挂车上好牌照，出去散散心。这种倒霉事怎么也不该落到我头上。我本应该更仔细一点，让他们两人都签字就好了。我怎么就这么笨啊！"

b. 关于他人，我如何想？

"这个混蛋！她肯的话，完全可以装着没看见。没人会注意。该死的。她看上去似乎还挺得意的。恨不得她喝水都噎死！"

c. 关于这个情形，我如何想？

"官僚！我恨官僚！吹毛求疵，鸡蛋里挑骨头！他们不是为人民服务，而是来折磨我们的。我们还得付工资给他们！太不公平了！（本应该是一件公平的事）。"

步骤三　我如何反制自己的非理性思考方式？

"我从来就不喜欢这种官腔，但为什么我就不能忍受这点！我得到了他的签名，但我又怎么知道我必须拿到他妻子的签名呢？那个办事员掉官腔、不变通，就是混蛋不是？这是很不方便，但是什么使得这件事显得很可怕？世界就应该总是公平的吗？"

步骤四　我用何种更佳之选来替代非理性思考方式？

"我想要这套程序走得更顺畅一些，但没做到，这叫人感到挫败。

我现在无法用那艘船并还得重头走一遍这套程序真是很不幸。但我没
必要发没用的脾气并为此而抑郁。本来，如果我得到了两个人的签名
就好了，但也不是说我没这么做就是罪该万死。即使这是不公平的，
这件事也不是非公平不可。我可以写信投诉，或者请求下次再来时加
快办理手续（让我排在最前面）或请求用邮寄的方式办理手续。不管
是什么规定，我都有办法不让自己生气。"

附言：这是真实情形，事实上，正因为我（阿瑟·兰格）没有暴
跳如雷，办事员提供给我几个建议，使我不必在把程序重新走一遍
的情况下办完手续。我在处理自己的事时，旁边柜台的一个人也出
现了问题，这人气势汹汹、言辞狠戾地跟办事员干上了，而办事员
干脆给他来个严格的"公事公办"，他彻底没辙了。不见得你每次克
己复礼都会有好结果，但有时候还是会起作用的。有些人认为恐吓和
发脾气也会起作用。当然，爱哭的孩子有奶吃。但如果这就是你的人
生哲学，你可能会赢上几轮，但常常会输掉整场比赛。"他们"会反
扑的！记住，你可以做到既语气坚定、维护自己的权利，又不反应过
激、失去冷静。

要是你真爱我，你就应该……

你母亲住在附近，自从你搬出去后，她就逼着你每天来看她。你
对她很孝顺，但她不去交同龄的朋友，总想操纵你，让你来陪她。她
指望你每天来，每天打电话，不然的话，她就郁郁寡欢，凄凄惨惨。

步骤一　我的感受和行为是多么的不恰当？

愧疚，把自己贬得一钱不值，怨恨，避开她，找一些烂借口，并
且（或者）硬着头皮妥协。

步骤二　我有哪些非理性思考方式致使我过分烦躁、生气、抑

郁、愧疚或行为欠妥？

a. 关于自己，我如何想？

"我真是一个忘恩负义的人。想想她为我做的一切，我只不过是陪陪她就行了。但我也还有自己的日子要过啊。是啊，万一她说我也有需要她的时候怎么办？她太孤单了，她需要我。这是我应尽的责任。（我没成为我应该成为的孝顺孩子，真是太糟糕了！）"

b. 关于他人，我如何想？

"她太强势了（她不应该这样对我！）。她显得无助，只是为了让我感到愧疚。我还真的愧疚了。她太狡猾了，妥协的总是我。她为什么就不能交一些同龄朋友？但她独自一人，似乎那么孤独。她是我母亲。"

c. 关于这个情形，我如何想？

"我就是对她说不出一个不字。不管我做什么，我都赢不了。我如何能做到皆大欢喜，包括我自己？我就是讨厌这整件事。这不公平（本应该是公平的！）。"

步骤三 我如何反制自己的非理性思考方式？

"她的确想要我对她感到愧疚，我就必须沮丧生气吗？难道不想按她要求的次数陪伴她，我就是一个烂人？她好玩弄人于股掌之中，是不是她也是一个坏人？我有一个缠得我脱不开身的母亲，即使这不公平，这个世界就一定要始终对我公平吗？"

步骤四 我用何种更佳之选来替代非理性思考方式？

"我更想妈妈别老是操纵我，但我没必要非要她这样不可，我不必给她念"应该"经。我想要她既愿意跟我在一起，又愿意找别人玩。我想跟她保持密切的关系，但不是每天都见她，不是她唯一的陪伴。如果她认为我不孝，我也能摆平这事。我担心的是她不去交朋友，老想操纵我，叫我感到很无奈。但她也不是一个坏人，我有时候让着点，这也并不说明我生性懦弱。我一定要跟她谈谈什么是我愿意干的，什么是我不愿意干的。我这样做不会让自己不开心，或让自己的情绪失控。我会让她知道我很关心她，让她知道，我确切能拿出多少时间及愿意拿出多少时间陪她。"

朝更佳之选的方面想能使你这样对母亲说，"妈，我非常爱你，想见到你，但我不愿意每天过来，不愿意成为你唯一的陪伴。"你还可以让她知道，她让你因不能每天陪她而感到愧疚，这使你心里不痛快，你希望她不要再这么做了。你这样说的时候可以保持心平气和的心态并向她保证你爱她。

如果你在脑海里把她恐怖化或应该化，可能会对她很不客气，恼火万分，词不达意。如果你对自己合理化或应该化，也许会由着她折磨，花大量时间陪她，对你或对她都没有好处。最终，你的怨恨会爆发。

究竟花多少时间在一起比较"合适"，因人而异，因关系而异。究竟哪一种方案更让人开心或能够接受，常常存在分歧。这些分歧可通过商讨和妥协来解决，如果加上诸多的"应该"经（"你应该……"）和"恐怖"经（"当她……时就太可怕了"），分歧是肯定消除不了的。与你在乎的人讨论这些是很困难，但如果你做到了，你们的关系会更加密切。

是什么在让我糟心

你想重新装修你的家。你找到一个包工头，给你的卧室装茶色的玻璃推拉窗。6 星期后他出现了（他说好 3 星期后过来的），带来的是无色玻璃窗，不是茶色玻璃窗。他把责任推到厂商身上，不说是因为自己没验货。又过了 3 星期，他带来了茶色玻璃窗。万岁！他把窗子装好，自豪地说万事大吉了。你朝窗子看去，发现一道宽宽的油痕，并且似乎渗入到玻璃里去了，这完全扭曲了窗外的景色。他说，"哦，我没注意，也许能擦掉。"

步骤一 我的感受和行为是多么的不恰当呢？

发狂，沮丧万分，受够了，跟他对着吼！"没注意？你是瞎了不是！你拉来拉去的东西是什么你不知道？你当我是傻瓜？我要到质检局去告你。你等我的律师来找你吧。老兄，你被解雇了！"接着，多日陷入低迷沮丧之中，把自己的日子过得一塌糊涂。（有趣的是，他可能继续他下一个不称职的工作，丝毫不受自己落下的烂摊子的影响！）

步骤二 我有哪些非理性思考方式致使自己过分烦躁、生气、抑郁、愧疚或行为欠妥？

a. 关于自己，我如何想？

"我简直不相信！他又一次搞砸了。我为什么不在他第一次搞砸时解雇他！我真蠢！"

b. 关于他人，我如何想？

"这个混蛋！他拖工期拖了数个星期！我还没见过这么不称职的！万一他什么都不做，我还得付他报酬怎么办？我绝对受不了！"

c. 关于这个情形，我如何想？

"这叫人难以容忍！让（老公或老婆）听听，工期可能会无限延长。这么一个烂摊子怎么就落在我头上？我是不会隐忍不发的，我要闹个天翻地覆！"

步骤三 我如何反制自己的非理性思考方式？

"由着他不称职，就说明我在犯傻吗？我为什么就忍受不了他这上不了台面的行为？整个情况就这么无法容忍吗？我又吼又叫有用吗？恐怕只会使事情更糟吧？"

步骤四　我用何种更佳之选来替代非理性思考方式？

"我想要这次装修及时完工，但完不了工，也不见得就要了我的命。头两次我希望他把事情做好，他没做好。这叫人感到挫败，我非常失望，但没必要把自己弄得不好过。事情不妙，但也不是忍无可忍。我一定能摆平此事，不过激反应。"

这种情形很有趣，因为取决于情况不同和你的判断不同，你手头有好几套行动方案可供选择，无所谓对错。不管你如何处理他和这种局面，如果你过分生气，那就是你的不是了。

如果不慎预先付了款，你可以用谈判方式来及时补救这个人弄糟的事情。你也可以通过谈判来争取打折并确保钱回到你手里（希望渺茫，但值得一试！）。完工后，你可以通知美国商业改善局或任何消费者协会，至少去投诉一下。

如果还没付款，你不到工程完成不付全款，或者干脆不装修了（这取决于你已付了多少钱）。你也可以把他带到小额索赔法庭，但别指望一定能赢回损失。

然而，跟他正面交锋时，你可以保持冷静，说："你两次都装错了窗子，还延误了好几个星期的工期，给我们造成很多困扰，而这本是可以避免的。你把这些窗子拆了吧，我不会付钱的。"（或者："你一星期内把工程结束，不管付出多大代价。不然的话，我就去告你，要求法庭判你还我的钱，外加损失费。"）

这种反应的关键之处在于（与把情形恐怖化和应该化后的反应不同）你没有过激反应。你行动坚定，十分生气，但你不失控，处理事情果敢有力。本来这种事非常难处理，但你能做到兵来将挡，水来土掩！

大报仇：挖墙脚

你是刚离婚的女人，带着一个 7 岁和一个 9 岁的孩子。两个孩子刚去过前夫（妻）家，回来后就奇怪地变得很不听话。你问他们出了什么事，得知（心里肯定）你的前夫说了你的坏话，又在贬损你：告诉孩子们你是坏妈妈，你对他不好，他比你更爱他们，他想念极了他们。

步骤一 如果我让他牵着鼻子走，我的感受和行为是多么的不恰当？

心境过分恶劣，气得发抖，迁怒于孩子们。

步骤二 我有哪些非理性思考方式致使自己过分烦躁、生气、抑郁、愧疚或行为欠妥？

a. 关于自己，我如何想？

"我受不了他这样做！如果他老是挖我的墙角，我这做母亲还有什么威信可言！我带不好自己的孩子（这不公平）。我非得修理修理他们的父亲不可！"

b. 关于他人，我如何想？

"万一他们听信父亲的谎言怎么办？万一他说了比这更难听的话怎么办？万一他怂恿他们跟我作对怎么办？万一他不肯停下来怎么办？他怎么就这么幼稚？这个废物！我要把他送上法庭，剥夺他的探视权。我要雇凶杀了他！"

c. 关于这个情形，我如何想？

"整件事都肮脏无比，我无法叫他停下来。我为什么还要为那个渣男受罪？"

步骤三 我如何反制自己的非理性思考方式？

"他跟孩子说我的坏话，但为什么我就无法忍受？是这件事把我气疯了，还是我把自己折腾疯了？我非要跟他们的父亲对着干吗？仅仅因为他不地道，我的整个生活就变得惨不忍睹吗？我的过分气急败坏能让他停止操控吗？

步骤四 我用何种更佳之选来替代自己非理性思考方式？

"我更希望他不要给孩子们说那些难听的话，但他说了，我也不是非要他停下来不可。我表示遗憾，我很担心这点，但我能处理好。我沮丧，非常失望，但不必反应过激。我一定尽我所能让他不再说下去，我可以跟孩子们冷静地讨论这点。发生这种事够糟糕的了，但我不必为此痛苦万分。这就是他的目的，让我日子不好过，我绝不接他这一招！"

如果你朝更佳之选的方面想，你会给他打电话，说："你告诉孩子们我是坏妈妈，向他们说我的坏话，你是在伤害他们，用他们来伤害我。你这样做叫我很无语，我非常担心。"也许你更想说，他是一个寡廉鲜耻的混蛋，他不停止这样做，你就不让他再见到孩子们。可是，你这样说只会使矛盾升级。不反应过激地与他正面交锋，你是在告诉他，他的坏话撼动不了你的地位，你愿意主动冷静地跟他交涉。另一方面，如果你把他恐怖化、应该化，肯定会大发脾气，互相掐架，这只证明他可以把你要得团团转。如果你把事情合理化，那么你除了躲别无动作，还眼巴巴地希望他会停下来，或希望孩子们不理睬他的话。但内心深处，你惶惶不可终日。朝更佳之选方面想对你只有好处，没有坏处。

真相大白之时

你是一个单身女人，单身有一段时间了，很享受自己的自由和丰富多彩的生活方式。然而，你跟你真正爱的人好上了，开始想象结婚的可能性。你既不赞成也不反对结婚，但突然他提出了这个问题，你必须马上做出决定。

步骤一 如果我让这件事牵着鼻子走，我的感受和行为会多么的不恰当？

极度焦虑、烦躁，不理人，心情不佳，易怒，茫然不知所措。

步骤二 我有哪些非理性思考方式致使自己过分烦躁、生气、抑郁、愧疚或行为欠妥？

a.关于自己，我如何想？

"我非常爱他，但万一我答应结婚而婚姻成了爱情的坟墓怎么办？那就太可怕了！万一我不答应，他离开我怎么办？尤其是当他能成为一个好丈夫，我们婚后会幸福无比的时候。万一我厌倦了婚后生活（我不应该如此）怎么办？万一我拒绝了他，从此孑然一身、孤苦伶仃怎么办？再没有比这更可怕的了！我必须做出正确的决定，千万不能搞砸了！"

b.关于他人，我如何想？

"万一我们结婚后他就变了怎么办？万一我真的不了解他怎么办？万一他只是一个骗子怎么办？那我就是一头蠢驴。万一婚后他不再那么讨喜，那么关爱我，那么有趣，那么充满爱意怎么办？我绝对受不了！万一他想把我变成家庭主妇并坚持要求我放弃自己的事业怎么办？我真的能信任他吗？"

c.关于这个情形，我如何想？

"万一婚姻失败怎么办？我们就会永远结成一对怨偶，或者，我又要从头开始。万一婚姻毁了我们的爱情怎么办？这太纠结了！事情应该简单一些！作出重大决定真是一件可怕的事！"

步骤三 我如何反制自己的非理性思考方式？

"我单身了12年，活得很开心。我想结婚了，但非结婚不可吗？

有很多不确定因素叫我无法回答，但我必须要确定吗？我们的未来没有保障。我非要一个保障才能下决心吗？如果我们结婚了，婚姻失败了，我为什么就不能忍受这点？如果他骗了我，难道受骗就是弱智的表现吗？难道我就摆不平这事？

如果我做出了错误的决定，这很糟糕、可怕、恐怖吗？我现在就必须知道所有答案吗？心绪不佳能让我做出英明的决定吗？"

步骤四 我用何种更佳之选来替代自己非理性思考方式？

"我非常想在这件事上做出正确的决定，但我不必非这样不可。这不是世界末日。如果我能把每个问题的思路理清楚，相信自己对他的感受，不把事情恐怖化，那就更好了。我需要抓住重点。我能够头脑清晰地思考实际情况，整理好自己的感情。无论我做出何种决定，如果结果是好的，那就万事大吉；如果结果不妙，我会很伤心，但我会去积极地处理。我一定尽最大可能做出明智的决定。决定一旦做出后，只要我愿意，在对结果施加影响这一点上，我还有很大空间可以发挥。"

注意这一点，在这件事上，朝更佳之选的方面想并不能给你指明一条道路。你可以决定结婚，或可以决定不结婚。此时此刻的目标是摆脱恐怖化、应该化，不让它们来干扰你做重大决定时所需要的清醒头脑。我们一旦开始有了清晰的思路，即使是错误决定的结果，也不会是致命的！我们有可能全方位地做出较为正确的决定。即便如此，婚姻仍有可能失败，但无论发生什么，我们都能够摆平。摆脱害怕失败和害怕被拒绝的想法，挑战绝不失足出错的执念，这能使我们从一开始就敢于冒险。这样，我们才能应对可能出现的后果，才能算在这世上真正活了一遭。

生存还是毁灭

你在这行当已成功地干了若干年。然而最近，你在考虑来个翻天覆地的变化。你突然得到了这样一个机会，不仅仅只是说说而已。你必须做出决定：有人为你提供了一个完全不同领域的工作。

步骤一 如果我让这件事牵着鼻子走，我的感受和行为会多么的不恰当？

高度焦虑，心不在焉，烦躁不安，一触即发，易怒。

步骤二 我有哪些非理性思考方式致使自己过分烦躁、生气、抑郁、愧疚或行为欠妥？

a. 关于自己，我如何想？

"万一我换了工作，却讨厌这份工作怎么办？那我不成傻瓜了？万一我做不好呢？我有义务、有责任。我不能随便挑一份工作，再从头开始！但万一我只是试都不想试呢？那我永远不知道自己是否擅长做这件事！我永远不会原谅自己。我应该怎么做？我或许只是在经历中年危机，过了这个阶段就会好起来。真是一个胆小鬼！我应该毫无痛苦地做出这个决定！"

b. 关于他人，我如何想？

"万一我不喜欢跟这些人共事怎么办？万一我的家人认为我昏了头怎么办？人人都应该站在我一边，但显然他们持批评态度。他们在破坏我的信心！但万一他们是对的呢？"

c. 关于这个情形，我如何想？

"万一我的决定是错的呢？万一我毁了自己的未来呢？我必须在这件事上做出正确的决定！牵涉的因素太多，情况太复杂。我不能墨守成规，但也不能担太大风险。叫人左右为难啊。我应该怎么做？我受不了这种进退维谷的状态！"

步骤三 我如何反制和回击自己的非理性思考方式？

"虽然做出错误决定的后果很严重，但我为什么就一定要做出正确决定？我当然不喜欢一失足成千古恨，但如果我真失足了，那我就失足了呗！作决定也罢，不作决定也罢，其结果都不可逆转。难道我不喜欢自己的选择就是很糟糕、可怕、恐怖的事吗？给自己念"恐怖"经、"应该"经，或合理化地说服自己，这能帮助我做出更好的决定吗？这确实叫人左右为难，但为什么我就不能忍受这点？"

步骤四 我应用何种更佳之选来替代自己非理性思考方式？

"我想做出我能做出的最好决定，但我也能坦然接受甚至不怎么靠谱的决定，照样能过好自己的日子。我想预先知道改变职业方向是否行得通，但我无法未卜先知。我想要既能享受自己的生活，又能为家人提供保障，但我保证不了这一点。假如我的家人不全力支持我，我也能随遇而安，而他们并不可恶可怕。我一定理性地思考这个决定，把所有因素考虑在内。假如我做出的决定真的不像我希望的那样有好的结果，那也不完全是不可逆转的。琢磨这事时，我没必要将其恐怖化、应该化或合理化。不管做出何种决定，我都支持自己。"

就像其他人生重大决定（结婚、离婚、要孩子）一样，决定本身常受到恐怖化、应该化和合理化的巨大影响，而这些"恐怖"经、"应该"经和"合理化"经均源于害怕被拒绝、害怕失败、低耐挫性、怨天尤人。朝更佳之选的方面想的目的是让你在现实、逻辑、偏好和其他你认为最有利于你的相关因素的基础上做出决定。你不仅可能做出较英明的决定，而且在做出这些决定时心情舒爽！

让你做提线木偶的情形多得不胜枚举，本书不能一一列出。如何把这四个步骤成功运用到你日常生活中的相似情景里，我们希望你能从这本书中领略一二。

练习

练习9A 在各种各样的生活情景中，发现并改变你在情绪、行为上的过激反应以及非理性思考方式

这项练习旨在，使你在各种各样的生活情景中，发现并改变你在情绪、行为上的过激反应以及非理性思考方式。首先，想出一个不同的，你可能会有过激反应的日常情景，辨明当时是何种思虑惹得自己不高兴。

练习9A 练习表示例：在各种各样的生活情景中，发现你在情绪、行为上的过激反应以及非理性思考方式

具体情形	你在情绪和行为上的过激反应	你当时的非理性思考方式
孑然一身	感到抑郁，无能为力。没有交新朋友的动作。	我总是孤独一人，从没有人真正关心过我。我不配拥有一段真正的恋情。我是个没用的人。去试又有什么用？
惹上一个接一个的麻烦和不幸。	抑郁，低耐挫性。放弃改变这一切的尝试。	什么坏事都落到我头上。我受不了！我就是一颗灾星。尝试改变又有什么用？
不得不做出某些重大决定。害怕做出可怕的决定。	因犹豫不决而看不起自己。迟迟不作决定。	万一做出错误决定怎么办？别人肯定把我当傻瓜看。我受不了优柔寡断，别人会因为这点瞧不起我！

练习9A　你的练习表：在各种各样的生活情景中，发现你在情绪、行为上的过激反应以及非理性思考方式

具体情形	你在情绪和行为上的过激反应	你当时的非理性思考方式

练习9B　练习表示例：在各种各样的生活情景中，改变你在情绪、行为上的过激反应以及非理性思考方式

非理性信条	反制和回击自己的非理性信条
我总是孤独一人，从没有人真正关心过我。我不配拥有一段真正的恋情。我是个没用的人。去试又有什么用？	我即使现在孤独一人并且以前也孤独过几次，这并不证明我就不能去爱。如果我坚持努力，我多半会有一段稳定、热烈的恋情，但我也不会因为孑然一身而厌憎自己。孤独并不能把我变成坏人。我可以独而不孤。
什么坏事都落到我头上。我受不了！我就是一颗灾星。又有什么用？	许多坏事都发生在我身上，但显然不是我生活中的每件事都是、都将是坏事。虽然我现在诸事不顺，我能够忍受。我也许不走运，但我仍能让好事降临在我身上，我仍能享受生活。
万一我的决定是错的呢？别人肯定把我当傻瓜看。我受不了优柔寡断，别人会因为这点瞧不起我！	我优柔寡断肯定不对，但这也不可怕。为这点咒骂自己不会让我更加决断。别人不一定把我的优柔寡断看成愚蠢，但如果他们真这样看，我也不必如此当真因此而瞧不起自己。

练习9B　你的练习表：在各种各样的生活情景中，改变你在情绪、行为上的过激反应以及非理性思考方式

非理性信条	反制和回击自己的非理性信条

How to
Keep People
from Pushing
Your Buttons

第10章

去战胜它们吧

　　我们希望这本书的主旨已是一目了然：不是人和事牵着我们的鼻子走。真不是。反而是当我们对己对人念"恐怖"经、"应该"经及合理化地找借口时，我们牵着自己的鼻子走。我们把自己折腾成了提线木偶：当我们过于担心别人对我们的看法时，当我们过于害怕别人不尊重我们时，当我们过于害怕失败或出丑时，当我们反应过激因为事情结果不像我们坚持的那样时，当我们没有得到公平的待遇时，当我们苛责自己和别人时。即使别人想操纵我们的情感和行为，也是我们为他们开了方便之门，他们才能做到！

　　对我们生活中发生的事，我们都有感受。这是自然而健康的。这本书的目标不是摒弃这些感受，而是抵抗和降低（不是完全摒弃）我们情感上的过激反应，这样的话，我们在具体情形中可以产生多样化的健康和适度的感受。

　　你感到不开心，生气，紧张，担心，愧疚，悲伤或悲痛欲绝或拥有其他许多情绪，这没什么不对劲。关键是把这些情绪控制在一定范围内，不会因此而痛不欲生，丧失行动能力。不用担心：在做到这点方面，人无完人！世界上甘地这样的人物稀罕着呢。（我们敢说，就连甘地也不是没有脾气的。）你的目标是改善。我们鼓励你为改善过激反应而朝三个目标进发：不要频繁反应过激；当反应过激时，降低其激烈程度；不要让过激反应持续时间太长。我们（这本书的作者）就比以往更善于处理这种局面。这就是我们为之而努力的：改善。

你的第三个目标（不要让自己的过激反应持续太长时间）可能是最重要的。跟自己所爱的人短兵相接、恶语相交，随后数小时甚至数日拒不见面，或钻进家里的中立区生闷气，这种情况还少吗？或许你们还要互相中伤对方一阵子。有时候你都记不得这场愚蠢的争吵究竟起因什么，但你肯定记得当你们谁都不理谁时，自己有多么的生气，多么的伤心。整个过程你都沉溺于某种"恐怖"经、"应该"经和"合理化"经中。

改善的关键在于：愿意承认自己反应过激了；敢于承担改变这一切的责任；为了把恐怖化、应该化、合理化改变为更佳之选，一遍又一遍地练习这四个步骤。改变你的本能反应是很难的，需要勤奋努力。疯狂的念头不会自己消失，我们都有被这些念头攫取的时候。把它们摒弃在我们生活之外是值得一试的事！

为什么？为什么值得一试？对我们来说，我们不信奉喜立滋生活哲学。你知道的。（不，我们不相信，"没了喜立滋，你就没了啤酒！"）如果你见过老广告，那些老广告会说"萝卜白菜，各有所爱！"现在，这就是口号——但下一句就是哲学："因为生命于你只有一次！"生活中只有两件事很重要。首先是结果！你这辈子做了自己想做的事吗，你的目标达到了吗，你抵达自己的目的地了吗？它们也许是你的终生目标，你的职业目标，你每年的目标，你今天想做的事！

你做到了吗？其次，至少同等重要，或许更重要：在朝目标奋进时，你肯定在享受其过程？

有时候，我们深陷在任务、要求、截止时间、人际、麻烦事、决定之中，忘了如何享受其过程。你达到了目的，但在过程中，你一直念着"恐怖"经、"应该"经和"合理化"经。做什么和怎样做都不可互相替代，两者都很重要。你有没有看见愚蠢的汽车贴纸上的话："带着最多玩具的死者是赢家吗？"我们看着开车人，总是想知道他们是否真的觉得他们的玩具好玩，还是在玩具的数量上（跟别人相比多了或少了）给自己念了太多的"恐怖"经、"应该"经。

"不在于输赢，关键在于你玩的方式"的这种陈词滥调你听到过多少次？这句子写出来很蠢，把它念出来听听，它希望你在两者之间选择。究竟是输赢重要，还是你玩的方式重要？最佳答案是什么？在生活中，两者都重要！

你非常想在自己从事的事业中成为赢家。同时，你也想享受其过程，并意识到如何做，为什么做这件事。你想做你认为有意义、有价值的事，因为它们可以使你能发挥自己所长，充满热情和自豪地去做。你想要良好、健康的亲情、爱情，想要正常地经营这些感情。你尤其想把情绪失控最小化，不让它们影响你对过程的享受。不要让自己成为生活中自己努力的牺牲品！你只有一次生命，好好享受吧。

我们对你的邀请和挑战已经一目了然："去战胜它们吧！"我们不是指那些牵着你鼻子走的人和事，我们指的是你自己的疯狂念头和情绪上的过激反应。改变它们，你就是真正意义上的赢家。去战胜它们吧！

心灵疗愈

《焦虑是因为我想太多吗：元认知疗法自助手册 》
作者：[丹] 皮亚·卡列森 译者：王倩倩

英国国民健康服务体系推荐的治疗方法；高达90％的焦虑症治愈率；提供了心理学家的实用建议、研究案例和练习提示，帮你学会彻底摆脱焦虑的新方法

《社交恐惧症》
作者：王宇

社交恐惧症——3000万人的社交困境，到底是什么困住了你？如何面对我们内心的冲突？心理咨询师王宇结合多年咨询与治疗实践，带你走出恐惧、焦虑的深渊，迎接生命的蜕变

《用写作重建自我》
作者：黄鑫

中国写作治疗开创者黄鑫力作
教你手写内心，记录自己独特的历史
打破枷锁，重建自我

《生活的陷阱：如何应对人生中的至暗时刻》
作者：[澳] 路斯·哈里斯 译者：邓竹箐

畅销书《幸福的陷阱》作者哈里斯博士作品；基于接纳承诺疗法（ACT），在患病、失业、离婚、丧亲、重大意外等艰难时刻，帮助你处理痛苦情绪，跳出生活的陷阱，勇敢前行

《拥抱你的敏感情绪：疗愈情绪，接纳自我》
作者：[英] 伊米·洛 译者：何巧丽

你是感知力非凡的读心人
也是受情绪困扰的孤独者
学会接受自己的情绪，以独一无二的方式和世界相连

更多>>>　《走出抑郁症：一个抑郁症患者的成功自救》作者：王宇
　　　　　　《直面惊恐障碍》作者：顾亚亮 史欣鹃
　　　　　　《依赖症，再见！》作者：[美] 皮亚·梅洛蒂 等

抑郁 & 焦虑

《拥抱你的抑郁情绪：自我疗愈的九大正念技巧（原书第2版）》

作者：[美] 柯克·D.斯特罗萨尔 帕特里夏·J.罗宾逊 译者：徐守森 宗焱 祝卓宏 等

美国行为和认知疗法协会推荐图书
两位作者均为拥有近30年抑郁康复工作经验的国际知名专家

《走出抑郁症：一个抑郁症患者的成功自救》

作者：王宇

本书从曾经的患者及现在的心理咨询师两个身份与角度撰写，希望能够给绝望中的你一点希望，给无助的你一点力量，能做到这一点是我最大的欣慰。

《抑郁症（原书第2版）》

作者：[美] 阿伦·贝克 布拉德 A.奥尔福德 译者：杨芳 等

40多年前，阿伦·贝克这本开创性的《抑郁症》第一版问世，首次从临床、心理学、理论和实证研究、治疗等各个角度，全面而深刻地总结了抑郁症。时隔40多年后本书首度更新再版，除了保留第一版中仍然适用的各种理论，更增强了关于认知障碍和认知治疗的内容。

《重塑大脑回路：如何借助神经科学走出抑郁症》

作者：[美] 亚历克斯·科布 译者：周涛

神经科学家亚历克斯·科布在本书中通俗易懂地讲解了大脑如何导致抑郁症，并提供了大量简单有效的生活实用方法，帮助受到抑郁困扰的读者改善情绪，重新找回生活的美好和活力。本书基于新近的神经科学研究，提供了许多简单的技巧，你可以每天"重新连接"自己的大脑，创建一种更快乐、更健康的良性循环。

《重新认识焦虑：从新情绪科学到焦虑治疗新方法》

作者：[美] 约瑟夫·勒杜 译者：张晶 刘睿哲

焦虑到底从何而来？是否有更好的心理疗法来缓解焦虑？世界知名脑科学家约瑟夫·勒杜带我们重新认识焦虑情绪。诺贝尔奖得主坎德尔推荐，荣获美国心理学会威廉·詹姆斯图书奖。

更多>>>   《焦虑的智慧：担忧和侵入式思维如何帮助我们疗愈》 作者：[美] 谢丽尔·保罗
《丘吉尔的黑狗：抑郁症以及人类深层心理现象的分析》 作者：[英] 安东尼·斯托尔
《抑郁是因为我想太多吗：元认知疗法自助手册》 作者：[丹] 皮亚·卡列森

正念冥想

《正念：此刻是一枝花》

作者：[美] 乔恩·卡巴金　译者：王俊兰

本书是乔恩·卡巴金博士在科学研究多年后，对一般大众介绍如何在日常生活中运用正念，作为自我疗愈的方法和原则，深入浅出，真挚感人。本书对所有想重拾生命瞬息的人士、欲解除生活高压紧张的读者，皆深具参考价值。

《多舛的生命：正念疗愈帮你抚平压力、疼痛和创伤（原书第2版）》

作者：[美] 乔恩·卡巴金　译者：童慧琦 高旭滨

本书是正念减压疗法创始人乔恩·卡巴金的经典著作。它详细阐述了八周正念减压课程的方方面面及其在健保、医学、心理学、神经科学等领域中的应用。正念既可以作为一种正式的心身练习，也可以作为一种觉醒的生活之道，让我们可以持续一生地学习、成长、疗愈和转化。

《穿越抑郁的正念之道》

作者：[美] 马克·威廉姆斯 等　译者：童慧琦 张娜

正念认知疗法，融合了东方禅修冥想传统和现代认知疗法的精髓，不但简单易行，适合自助，而且其改善抑郁情绪的有效性也获得了科学证明。它不但是一种有效应对负面事件和情绪的全新方法，也会改变你看待眼前世界的方式，彻底焕新你的精神状态和生活面貌。

《十分钟冥想》

作者：[英] 安迪·普迪科姆　译者：王俊兰 王彦又

比尔·盖茨的冥想入门书；《原则》作者瑞·达利欧推崇冥想；远读重洋孙思远、正念老师清流共同推荐；苹果、谷歌、英特尔均为员工提供冥想课程。

《五音静心：音乐正念帮你摆脱心理困扰》

作者：武麟

本书的音乐正念静心练习都是基于碎片化时间的练习，你可以随时随地进行。另外，本书特别附赠作者新近创作的"静心系列"专辑，以辅助读者进行静心练习。

更多>>>　《正念癌症康复》作者：[美] 琳达·卡尔森 迈克尔·斯佩卡